不只吃魚，更要知魚

常備菜、方便醬、魚系便當、
甜鹹點、鍋料理、烤箱菜，
原來魚鱻還能這樣吃！

漁家女兒的
魚鱻食帖
2

新合發猩弟——著

CONTENT

CHAPTER 2　魚鱻方便醬與常備小菜

CHAPTER 3　原來魚鱻還能這樣吃

CHAPTER 4
搶時間的簡單魚蟲料理

CHAPTER 5
不變味的魚系便當菜

作者序

　　時間過得好快！上一本書《漁家女兒的魚鱻食帖》轉眼間已經出版兩年～「原來煮魚不困難，簡單煮就好好吃！」這是翻閱書本後的朋友們最常說的一句話，會書寫出版「魚」的食譜書就是想讓煮魚不再紙上談兵，就算沒有高超技巧也能增添一道魚料理豐富餐桌上的滋味，能獲得這樣的回饋，真的成就感十足，也激發猩弟再次創作和開發更多魚的吃、煮、知來與大家分享！

　　這兩年的時間，剛好也經歷過時間最緊湊的時期，除了準備魚檢定考試、也得繼續維持工作和照顧一家大小的伙食，所以「漁家女兒的魚鱻食帖2」除了延續第一本書快速簡單的精神外，也進一步將「魚」更推進日常生活裡，想貼切融合在日日的煮食之中。

　　像是專業又不親民的「魚知（常）識」，透過文字和插圖的搭配，閱讀和應用就如喝起養樂多那樣助消化又好吸收，實際上市場或進廚房都能得心應手，魚苦手都能變成高手；另外在忙得團團轉的日子裡，或外出或嘴饞，事先做好準備的「魚鱻常備菜」總是能在關鍵時刻發揮功效，可以優雅上菜開飯也能夠小吃墊肚兩相宜。還有更多煮不煩吃不膩的魚料理，也都是經過反覆試驗，蒐集親朋好友的意見，仔細調整成最容易實踐的配方或方法來呈現給大家。

　　希望能透過第二本著作讓朋友們能夠再次打破對魚的框架，上手之後再來點突破創新－把魚不當魚的概念，讓海味料理更有空間和延展性，讓主婦（夫）隨時都能恢意駕馭，天天餐桌上好魚！

新合發　猩弟

漁家女兒帶你
知魚煮魚

新合發猩弟去年研讀考取了日本舉辦的魚檢定考試，
一起翻開漁家女兒的讀書筆記來認識魚鱗，以及公開她廚房裡的煮魚祕訣，
讓採買與下廚都更有樂趣。

TOPIC 1

日日食魚鱻

苦中有樂的魚檢定考試

> 想要更深刻地瞭解每種魚鱻所有的一切，
> 包括合適的料理方法、魚兒身體結構、
> 生活習性、在地漁夫鄉土風情或者節氣象徵傳說…等。

很多人一定覺得漁家女兒從小在海邊長大，老爸又是船長，應該很懂魚吧!?其實，也只是對鮮度比較敏感、看到魚叫得出名字，但仍有許多關於魚的知識值得深究發現的。像有次在工廠，被泰國來的客戶問到：「台灣的黃尾、黑尾、硬尾哪裡不一樣？」咦？他們不都是竹筴魚嗎，還有分？又有一次，朋友問說「為什麼秋刀魚內臟可以吃？」咦？不就是以前的人說可以吃，所以流傳下來，哪有為什麼？啊啊啊，大大小小的問題還真不少，魚的世界還真的很有學問，不懂的還真多啊！

猩弟想要更深刻地瞭解每種魚鱻所有的一切，包括合適的料理方法、魚兒身體結構、生活習性、在地漁夫鄉土風情或者節氣象徵傳說…等，然而這些資訊的整理在台灣很有限，頂多透過魚類圖鑑告訴你，這個魚的學名、俗名、會在什麼季節和什麼地方出現，僅此表面的訊息。

有一天，不經意使用了鯖魚的日文拼音去估狗，才發現日本對於海魚的食用的訊息很豐富，甚至有「魚檢定」考試，涵蓋魚的知識（生理結構、習性、產地、時節、命名）、食魚的文化演進、還有各地海鮮的鄉土料理，讓漁業從事人員（包括販賣、捕撈、料理和海洋系學生…等相關領域都涵蓋），或者，任何對於魚介類有興趣了解更多的朋友，都能透過「日本漁協」蒐集編目相關的書籍，習得正確的魚介類知識、常識、文化，並經由參加標準化的考試來審核對魚介類的專業認知能力。這麼剛好摸蜆兼洗褲的一件事情，一方面能吸取來自日本第一線的魚兒新知、又能夠提升專業能力，這樣的檢定，實在找不到理由和藉口不去參加，於是心一橫且不畏落榜就這樣報名「魚檢定」了。

在準備考試的日子裡，除了苦讀日文（因為是用日語出題），最困擾的事是要不斷對照中文和日文的魚名，日本國土之大，每個城市還有不同稱呼的地方名、鄉土料理、地理和歷史背景，讀起來真的很要命！有了科學理論的證明或者歷史演化記載詳述，真的從其中知道了許多原來不知道的事。

像是：「秋刀魚內臟可以吃，是因為牠沒有胃、腸子短，消化特別快，所以內臟乾淨、可以吃」

「為什麼大部分天婦羅常用海鮮來做，是因為在日本橋設攤的小販就地取材，會炸起魚介類（海鮮）來販售」

「佃煮是家庭主婦發展出來的常備菜？當然不是，是以前打戰時期，將大量捕獲的小魚用醬油和糖燉煮起來，這樣在戰地沒開伙時，隨時都能有糧食吃」

像這樣，許多的為什麼都能有解答，越讀越促咪、越讀越上癮！就這樣，一邊準備考試，一邊透過自己的理解，分享這些平常吃進肚的魚介蝦類究竟是哪個種類、在市場上碰到時，要看要聞哪裡才是新鮮的指標？買回家後怎麼料理最適當？又或者，有什麼傳說在特定的時令吃什麼魚的典故？讓大家吃魚也能知其所以，又能順便替自己的考試複習，多好啊！

當然，最終目的還是希望透過「魚檢定合格」來證明「漁家女兒」是真的有比較懂，而不是從小吃比較多魚這樣而已。好了，說到嘴角起泡，是該繼續努力準備今年夏天的魚檢定考試，再更進一步、更專業來繼續分享魚介類的大小事，請大家為我加油吧！（笑）

烏魚

從肉到內臟都能吃

　　不知道會不會有人跟我一樣，每認識每一種魚，第一個問題就是先查命名的由來？

　　「烏魚」就是台語直譯「黑魚」的發音，每年產季準時出現的習性，讓烏魚子能夠在農曆年節被製作完成，又被漁家呼名為「信魚（守信用的魚）」。

　　冬至前後10天，剛好是烏魚在海上現身的時期，這個時候捕獲的母烏魚，都會有很大一副魚卵。在以前急速冷凍不普及的年代，為了保持魚卵鮮度，就是跟時間對抗，用大量的鹽巴把魚卵脫水，經過反覆曝曬，成了乾的烏魚卵，也就是烏魚子。另外，母烏魚有魚卵，公烏魚有魚鰾，不管公烏魚、母烏魚都有著大於其他魚類的胃，也就是「魚胗」，整條魚從魚肉到內臟都能吃、能賣錢，所以也被叫成「烏金」。

　　不管是「烏魚」、「信魚」、「烏金」都是描述事實的文字，在魚界的命名裡，就屬烏魚最直白實在，是不是看過一次介紹，就輕易這麼記住了啊？!

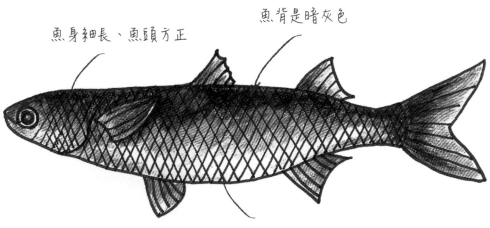

魚背是暗灰色

魚身細長、魚頭方正

魚肚裡的卵加工後
就是烏魚子了

丁香魚

有丁香味道的魚？

聽說，丁香魚有一種丁香的香氣，但老實說我不知道丁香的味道是什麼？反而是日本魚類書籍裡，對於丁香魚身體結構的解釋，讓我終於有機會把對於丁香魚的錯誤認知給改正過來。

從小吃到大的丁香魚，不是本來就沒有鱗片，牠的鱗片是銅幣狀的圓形，一個縱列有多達33-44個的小鱗，而這些魚鱗非常容易脫落，所以一直以來誤以為丁香魚是沒有魚鱗、帶狀銀色條紋和半透明的魚身，原來，那是魚鱗早已脫落後的丁香魚模樣。

還有，丁香魚本來就是個長不大的小魚，最大長到10-12公分左右，因為個頭小又有群體聚游的習性，所以一次捕撈量都不算少。在冷凍設備不發達的年代，就是用海水把大量的丁香魚氽燙後曬乾，來延長保存期限，也就是我們餐桌上經常會出現的配菜小魚乾。

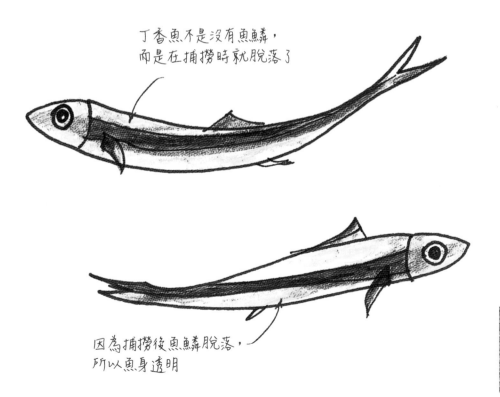

丁香魚不是沒有魚鱗，
而是在捕撈時就脫落了

因為捕撈後魚鱗脫落，
所以魚身透明

鮭魚

野生養殖怎麼分？

如果你沒看過鮭魚逆流而上，那你也一定有吃過鮭魚，從街上的小攤到高級餐廳的菜單上，如果有魚類料理，那肯定可以看到鮭魚的身影。是說鮭魚普遍，但有沒有常常被牠的名稱搞得很混亂，到底什麼鮭是什麼鮭？又有何不一樣呢？

目前「野生」的鮭魚，只有來自日本的「銀鮭」和阿拉斯加的「帝王鮭」，如果聽到有人說「太平洋鮭」大概就是指這兩種了。不過，近幾年台灣市場極力主打的「紐西蘭國王鮭」是例外，牠是唯一的太平洋鮭中的養殖鮭魚。市面上，目前的主流是來自挪威和智利的「養殖」鮭魚，也就是我們常聽到的「大西洋鮭」，因為供給量和價格都很穩定，在餐桌上幾乎百分之九十九都是挪威和智利鮭魚的天下。

至於，野生和養殖哪種好吃，有人說野生的魚肉沒有那麼肥，可是比較有彈性；但有人就是愛養殖鮭魚那肥嫩滑口的滋味，所以好不好吃，真的就看個人口味而定囉！

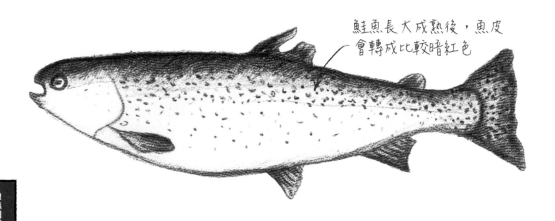

鮭魚長大成熟後，魚皮會轉成比較暗紅色

鯖魚

營養價值極高

聽川爸說，老一輩的人認為鯖魚是不好的魚，因為以前吃了鯖魚就會全身過敏，所以呢，在以前只要捕到鯖魚，都是被丟棄的！

由於鯖魚的魚肉脂肪高但很容易變質，在急速冷凍設備還不發達的古早時代，因為沒有辦法將捕撈到的鯖魚好好照顧，在離開水面的那一刻，魚體的組織胺就會跟時間呈正向值，一旦沒有妥善地保存，魚體組織胺就會超標，這樣的壞鯖魚吃下肚，難怪會引起起疹子而皮膚癢，造成鯖魚被誤解為吃了容易過敏的魚。

但近年來，水產界的急速冷凍設備都很優良，而且經過政府訂定的衛生管理辦法依據，鯖魚都必須要嚴格控管保存，如果魚肉組織胺超過安全範圍，就會被丟棄處置，雙管齊下控管鮮度，因此現在的鯖魚品質都非常棒。此外，也從科學研究中知道，鯖魚的DHA和EPA含量為所有魚類裡最高，是醫生和營養師都會推薦食用魚的第一名喔！

現在看到鯖魚有如獲得珍寶一樣，多吃幾口都來不及，怎麼會捨得丟啊！難怪日本這幾年的鯖魚罐頭銷量越來越好，這麼好的魚，價格也不貴，天天吃對身體多好啊！一樣的，台灣南方澳是鯖魚最大的產地，當季時令鯖魚的鮮度，可不是進口貨的挪威鯖魚能比得上的喔！

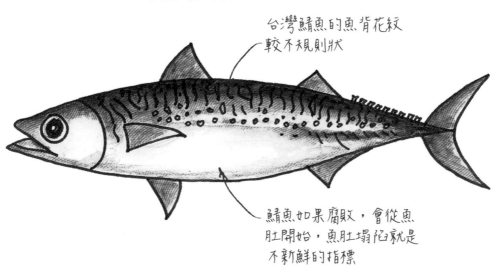

台灣鯖魚的魚背花紋較不規則狀

鯖魚如果腐敗，會從魚肚開始，魚肚塌陷就是不新鮮的指標

姬鯛魚

魚肉雪白淡雅

這個魚在台灣也不算少，但會出現在餐桌上的機會卻不多，明明很好吃，也不貴啊…，難道是因為「白肉蒜」這個魚名聽起來比較俗嗎？

好吧！那換個魚名「姬鯛魚」，日本人還是比較會取名字一些，光聽名字，就覺得像是白雪公主般，魚肉雪白淡雅，這樣聽起來就很吸引人去動筷子夾一口，改一下名字好像直接扭轉味道了。所以，在台灣我也喜歡用牠的日本名來稱呼這尾魚。

姬鯛魚，牠的魚肉真的是白的，沒有血合肉（咖啡色的魚肉區塊），所以吃起來的肉質像是赤鯮魚混馬頭魚，口感不硬不軟、粗細剛好。在本島，幾乎一年四季都能捕獲，鮮度也都被維持得很好，而且價錢實惠、口感能敵高級魚，販售台上若有牠身影，不用考慮，請直接入袋打包。

「白肉蒜」這款魚其實嚐起來沒蒜味，還是一吃就會甲意的口味，關於名字，還是記成姬鯛魚比較好喔！（笑）

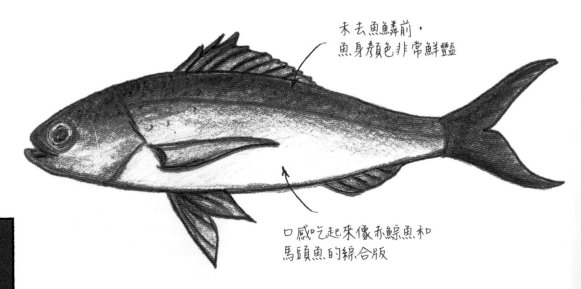

未去魚鱗前，
魚身顏色非常鮮豔

口感吃起來像赤鯮魚和
馬頭魚的綜合版

牡蠣

清洗牡蠣不破肚

牡蠣盡量不要破損，
也不要挑泡水的

牡蠣肉的邊緣越黑，
鮮度越好

　　牡蠣（蚵仔）是一種貝類，所以像蛤蜊一樣有兩片殼，牡蠣苗會在海中找地方著陸，一旦確定著附就不會移動，所以呢，身體上的筋肉就全部退化，我們所吃的牡蠣其實整顆都是牡蠣的內臟喔！

　　在挑選上，要盡量選擇不要泡過水的牡蠣，因為長時間浸在水中的牡蠣會吸取水分，雖然乍看整顆蚵體顯得飽滿，但在下鍋後就會釋放出很多水分，如此，牡蠣本身就會縮得很小。

　　若是整包未泡水的牡蠣，烹飪過程中只會釋放出少量水分，沖洗牡蠣時，可以用白蘿蔔泥來輔助（請見47頁）。在大碗中放進牡蠣和白蘿蔔泥，用手均勻混合，讓白蘿蔔泥充分吸取腥味和沾附髒汙（此時蘿蔔泥會變成灰色），再用手拿取牡蠣至水龍頭下快速沖洗就好，這樣不僅可以完整去除汙泥，還能保有牡蠣的甜分。若是一次沒辦法即時把牡蠣食用完，可以瀝乾牡蠣水分，讓牡蠣一隻隻不重疊的方式，放入保鮮袋中裝好並排除空氣，平放在冷凍庫保存，要料理前整袋取出，隔著袋子泡水解凍即可。

　　目前市面上所販售的牡蠣是全養殖，通常是半年到一年的時間可以收成，在台灣要取得新鮮牡蠣並不困難，是營養價值排名第一名的貝類，烹飪方式也很多元，很推薦大家可以多多品嚐，在書中也分享了易做的牡蠣食譜！

魚鱻知識 & 挑選比一比

白帶魚

漁家女兒教你分辨

大家知道白帶魚在水裡是垂直上下飄移來移動的嗎？所以日本名是立魚（dachiuo），意思是站立著的魚。

在市面上會看到三種「帶魚」可是真正的名字和長相特徵都不太一樣喔。

1 白帶魚

這一款才是我們說的「白帶魚」，牠的背鰭是黑邊透明，還有嘴巴內和肚子裡都有黑色的薄膜，是牠的特徵。

2 南海帶魚

牠是俗稱的「油帶」，背鰭稍微有一點黑邊緣，但是是黃色比較多，打開嘴巴有黃色的舌骨，但是肚子沒有黑色薄膜。

3 沙帶魚

沙帶魚很明顯的地方是黃眼睛、黃背鰭、黃胸鰭，嘴巴和肚子是不是黑色和黃色，是一般的魚肉顏色。

如果是到超市買白帶魚，可能都已經去頭切斷處理，所以看不到眼睛和嘴巴，不過依然可以利用背鰭還有魚肚裡的顏色做判斷。雖然在台灣都有可能捕獲這三種魚，但目前南海帶魚和沙帶魚大部分都是印度或北非進口的魚，牠們外觀的銀脂閃亮程度，都沒有台灣白帶魚來得漂亮（因為在架上都已再次解凍才販售），而口感也有些許不同，白帶魚的魚肉細緻清爽綿密，油帶油脂較多且魚肉較粗絲，沙帶比較瘦小且味道清淡，說到最後，真的就是台灣的白帶魚最好吃了啊！

1

白帶魚

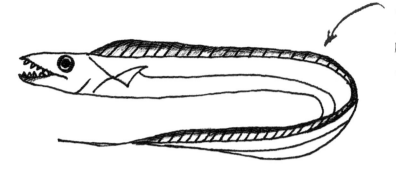

魚嘴內部黑帶緣，肚子內膜為黑色

2

油帶
南海帶魚

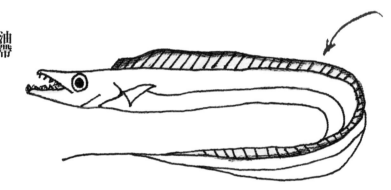

魚嘴內部黃帶緣，肚子內膜無黑色

3

紅娘仔
沙帶魚

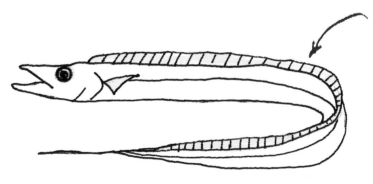

有著黃眼睛、黃背鰭和黃胸鰭

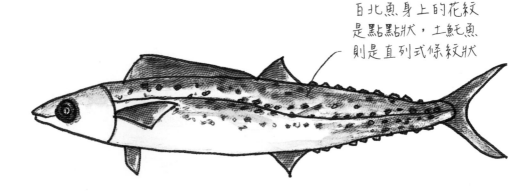

魚鱻小知識

COMPARE

白北魚

冬天的肥美魚種

　　有聽過「白北假土魠」這句話嗎？主要因為土魠魚和白北魚是非常親近的親戚，同為馬加鰆屬。土魠魚是康氏馬加鰆，白北魚是台灣馬家鰆，在外型上最大的不同，就是土魠魚腹部的魚皮花樣是條紋狀、身材比較圓身；而白北魚的上背花紋是點點狀、身材比較扁身，而且背鰭只有一小塊，土魠魚則是有很大一片。

　　當白北魚「對時」，魚肉可是比土魠魚還細緻和柔軟，只不過身價很難太高貴，因為去頭去尾輪切後，不仔細看魚皮上的紋路，根本分辨不出來，也因此很容易被用來冒充土魠魚（不過，近年來身價有比土魠上揚的趨勢）。如果在菜市場遇到價格過份便宜的魚，那就真的要多問、多想、多比較一下，「白北假土魠」只是冰山一角而已喔！

　　不過，要是場景轉到日本，白北魚可是日本人眼中高級的魚種之一，不管是婚禮喪祭都是用來招待賓客的要角，尤其是關西地區很常用牠來做料理，因為魚肉夠厚和油脂豐富，但又不會有腥味，可以涵蓋的菜色很廣泛。像是用來煮湯、壽司、生魚片或者一般煎烤都很適合，即使冷掉時品嚐也不會有臭腥味，是很有人氣的一款魚種。

　　近年來，在台灣的白北魚身價也很高，東北宜蘭地區於冬天到春天這段時間捕獲的白北魚特別肥美，在對的季節遇見牠時，一定要買回家好好享受，用中小火慢煎，不用任何調味，就是白北魚最經典美味的狀態了。

白北魚身上的花紋是點點狀，土魠魚則是直列式條紋狀

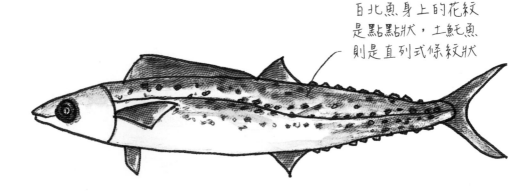

魚鱻知識＆挑選比一比

22

赤鯮魚和盤仔魚

漁家女兒教你分辨

還記得「白北假土魠」嗎？在魚界容易搞混的魚款真的不止一椿。「盤仔假赤鯮」就更高明了，因為他們兩尾真的長得超級像，沒有仔細看個幾分鐘，一定分辨不出來誰是誰啊！

最明顯可以看出盤仔魚的特徵是，魚背上有兩隻特別長的背鰭（有點像鬍鬚的感覺），赤鯮魚是沒有那兩條，再來就是盤仔魚的顏色很粉紅，帶有藍藍的斑點，而赤鯮魚的魚嘴和魚背都帶有一點黃顏色，整尾魚身是粉紅帶橘，兩尾放在一起看，會比較看得出來有不一樣的地方。

在市面上，有業者直接的做法是剪掉盤仔魚的那兩根長背鰭，獨立販賣的時候，根本很少人會發現，所以我們在購買時，一定要多注意老闆的神情？啊！不對，是要大家多觀察一下魚體的顏色和斑紋，不要花錢又買不對魚，那就真的虧很大了啊！

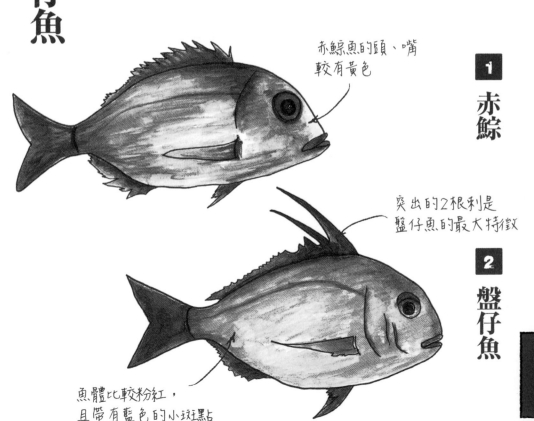

赤鯮魚的頭、嘴較有黃色

1 赤鯮

突出的2根刺是盤仔魚的最大特徵

2 盤仔魚

魚體比較粉紅，且帶有藍色的小斑點

鰹魚

漁家女兒教你分辨

有沒有覺得眼花撩亂？這四尾你沒看錯，通通都是鰹魚，台灣的命名分別是，花煙、煙仔、煙仔虎、卓棍，什麼煙這麼多長得又像，到底要怎麼分才不會霧煞煞？

像猩弟是先從沒有煙字的卓棍魚開始解題，牠可說是名副其實的鰹魚，正名為「正鰹」。卓棍魚其實很常出現在我們身邊，最具代表性的日式高湯的靈魂就是以牠為主角，沒錯！柴魚是卓棍魚加工後的成品。對了，順便一提，要做成柴魚的卓棍魚，要瘦不能胖，這樣乾燥後才不會出油、產生油耗味，熬出來的高湯才能甘醇啊。

第二個花煙魚，這尾魚最明顯的地方，是腹鰭正上方的三個小圓點，不管大尾小尾，一定都要三點不漏。若是正值產季，身上累積的厚厚脂肪，是愛吃生魚片的行家必指定的魚款，花煙魚在海面浮游時曬了不少太陽，加上游速快、血液循環好，魚肉裡含有不少鐵質，非常需要注意保存環境，因此魚肉切面氧化很快，一個不小心就有可能失鮮，所以通常都是產地限定販售。

第三個是煙仔魚，這個最常被忘記也最容易跟花煙搞混（花煙若是鮮度不好，那三個點很容易看不到），因為魚肉口感和特性也幾乎跟花煙魚一樣，所以老饕愛吃生魚片，也一定不會錯過牠。

最後是煙仔虎魚，牠是四種魚裡面的白肉魚，吃起來比較不會有魚體味，在台灣的鮪魚罐頭界裡，幾乎都是用牠來當原料，所以你們說鮪魚罐頭是不是該正名為「煙仔虎魚」罐頭呀！?

1 鰹魚

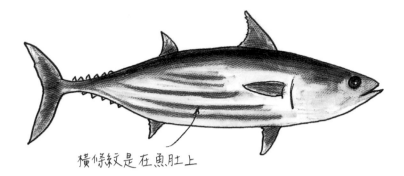

橫條紋是在魚肚上

2 花煙

魚肚有三個小黑點花紋

3 煙仔

魚背花紋是斜條，
魚肚沒有黑點花紋

4 煙仔虎

魚背花紋是橫條狀，
魚肚沒有黑點花紋

魚鱗知識&
挑選比一比

1

漁家女兒教你分辨
明蝦、草蝦、白蝦

調查了一下，十個朋友裡大概會有九個人都愛吃蝦，剩下那一個是因為過敏不能吃！哈哈哈。不過說真的，蝦真的很受歡迎！明蝦、草蝦、白蝦這三種應該是餐桌上出現頻率高的蝦，在剝殼入口之前，我們先來認識認識一下。

1 明蝦

是日本人說的車蝦、車海老，是壽司店和製作天婦羅重要的代表性食材之一，牠是一種海蝦，目前有養殖和野生的。在台灣，大部分的明蝦都是海外野生捕撈，進口的明蝦則是日本或東南亞的養殖蝦輸入。

一般來說，蝦子大部分都是煮熟了才變紅，那明蝦為什麼還沒料理就是紅色的？這是因為蝦子都有蝦紅素，在蝦界裡，有些蝦紅素多、有些蝦紅素少，就像人一樣，有人白皙也有人黑肉底，說到底就是基因不同這樣。所以明蝦煮熟後，顏色變得比新鮮狀態還橘紅鮮豔，是一種品質新鮮的象徵，千萬不要以為牠有什麼問題喔！

2 草蝦

原本草蝦是野生捕撈，在三十多年前，台灣成功研發出草蝦養殖，使產量和價格都變得穩定，提供大量草蝦輸出至日本。但後來草蝦爆發病變（據說草蝦生病無藥醫，且傳染速度超級快），讓養殖業者幾乎全軍覆沒。

1 明蝦

2 草蝦

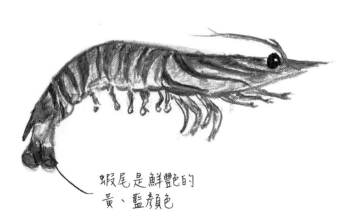

蝦尾是鮮豔的
黃、藍顏色

在市面上幾乎很少可以看見活草蝦的販售，若是有，價格也一定不便宜，目前主流都是從東南亞冷凍進口。也因此選購草蝦時要選冷凍狀態的盒／袋包裝，因為蝦子是冷凍貨櫃進港，如果是冰鮮狀態，也不是活草蝦，那九成以上可以推測是被解凍並佯裝現流貨高價販售的啦！

3 白蝦

全部都是養殖，但分別為全海水、半鹹淡、全淡水養殖這三種型態。白蝦的養殖歷史是從草蝦沒落之後，改養這種叫做「南美對蝦」的白蝦，病變少、存活率也高，至今供給狀況都非常穩定，市面上也很常見到活體的白蝦販售。

不同水域的養殖對於蝦肉是有一定的程度的影響，如果問我哪種最好吃，那肯定就是全海水養殖的白蝦，最脆最甜最好吃。

最後，不管是哪種蝦，選購前三步驟教給你：第一確認產地（若是進口蝦那就挑冷凍）、第二看蝦眼要突出飽滿不要凹陷，第三是蝦殼蝦身要有彈性不軟爛，三種指標都Check過，那就可以把蝦蝦打包帶回家啦！

整體顏色較偏暗綠

蝦身較有透明感

3 白蝦

魚鱻知識 & 挑選比一比 1

飛魚

提煉高湯好魚材

飛魚是真的會飛，為了躲避鮪魚、鰹魚的追捕，所以飛躍出海面，一口氣就能飛400公尺，魚身兩側大大的魚鰭就是翅膀，跳出水面就會張開魚鰭滑行，來躲避水中其他魚類的捕食。

每年產季大約是春天到夏天左右，東北部就會出現飛魚群，也是牠們產卵的季節。不過，因為飛魚的細刺非常多，很少直接會烹煮食用，大部分捕撈到的飛魚都會被製作成魚乾，作為提煉高湯的主要食材，這是因為飛魚脂肪很少，用來做高湯會很清澈、滋味鮮美。

另外，飛魚卵的價格比飛魚本身還要昂貴許多，有業者專門收購飛魚卵，收集成罐販售，可搭配食材料理，例如大家聽過的飛魚卵香腸、飛魚卵魚丸…等，魚卵並沒有特別的味道，可是有顆粒脆脆的口感，如果喜歡嚐鮮，或許可以吃吃看。

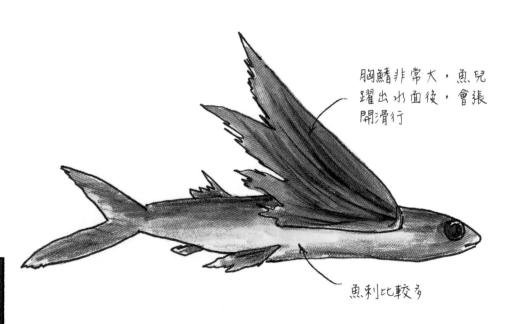

胸鰭非常大，魚兒躍出水面後，會張開滑行

魚刺比較多

親民的好魚種 竹筴魚

亮亮魚皮的竹筴魚，做成握壽司或切碎混合著紫蘇葉都很好吃，記得漫畫「魚河岸三代目」第一集裡有講竹筴魚，來講一下這個普及率高又有人氣的魚吧。竹筴魚的日文是アジ（發音：aji），跟日文的「味道」的發音是相同的，因為牠的味道很美味，直接了當就用這樣的意思當日文名字了。

竹筴魚是很庶民的代表魚，因為魚獲量大、價格平穩，含有的營養素也特別高，是日本主婦在日常生活中經常會買來烹飪的魚款，尤其宮崎縣的「竹筴魚冷味噌湯」很有名。在農忙的夏日裡，要很快食用又要補充蛋白質的情況下，就會預先把烤好的竹筴魚剁得細碎，加上小黃瓜切片和味噌湯混合，直接把冷掉的味噌湯淋在麥飯上，這樣就能大口吃進營養來補充體力。加上夏天就是竹筴魚的產季，優良的蛋白質加上鹹的冷味噌湯，在夏日喝很開胃，也能順便補充鹽分水分，可以預防中暑，所以日本主婦在酷熱的夏天裡，是很常端冷味噌湯上桌的喔。

但是但是但是，這麼好的竹筴魚不是只有日本才有的，在我們南方澳，竹筴魚也是盛夏到秋天的特產，從靠近日本海域累積肥肥油脂的竹筴魚洄游到台灣東北部外海，這時期捕獲的竹筴魚油脂都很高，很多日本客戶會慕名而來買進大量的肥美竹莢魚進口到日本的喔。精打細算又聰明的主婦們，請記住一到夏天就是竹筴魚好吃的季節，不用花錢買機票，就能在台灣吃到日本人也來搶著買的竹筴魚！

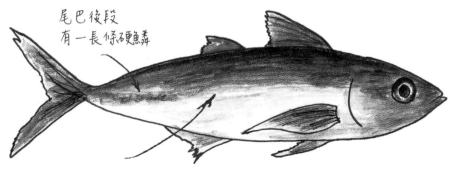

尾巴後段
有一長條硬鱗

竹筴魚的魚鱗非常容易脫落，
處理魚兒時幾乎不用特別刮除

低眼巨鯰魚

漁家女兒教你分辨

我們最常在賣場看到一片片已經去皮去刺的白魚排—「多利魚」，這種一片片真空包裝好的魚，其實真正的名字是「越南低眼巨鯰魚」，在越南、泰國、新加坡是很普遍的養殖食用魚，因為去皮去刺後的賣相完整，口感吃起來也算結實、沒有腥味，不知道什麼時候開始，就用了「多利魚」的名字來稱呼這尾鯰魚哥了。

真正的多利魚是另有其魚，台灣俗稱「印仔魚」（因為身上有個大斑點）是日本的高級魚種「馬頭鯛」（英文名John dory），牠的魚肉緊實美味，也因為是白肉魚沒有腥味，常應用表現在各種不同屬性的料理上，但因為長相沒有特別好看，通常上了餐桌，不太常見整尾型態。

可能就是因為印仔魚在市面上不太常出現，大家對牠一點印象也沒有，所以讓有心人冒用了英文名在鯰魚身上吧！水產世界真的很大很深，一個不小心真的會被矇過去，在購買海鮮時，還是找有信譽的商家，免得傷荷包又氣深魯命啊！

魚肉白皙，多做成魚排

魚尾非常短小

秋刀魚

日本人超愛的內臟美味

秋天是秋刀魚的季節,這一定是被大家所知道的吧!?秋天來的魚,魚身像一把銀色的刀子,這就是秋刀魚命名的由來。

秋刀魚身上有一種「秋味」,是指魚肉裡含有大量的麩氨酸、肌苷酸、組氨酸,綜合來說,就是身上的脂肪很容易在接觸到空氣時氧化,所以秋刀魚才會有這一股濃濃的「秋味」。還有,秋刀魚只有在白天進食,主要吃浮游生物,但是沒有胃,腸子又很短,吃完東西後數十分鐘內就會消化完畢,加上捕撈秋刀魚都是在夜晚進行,所以魚肚總是乾乾淨淨的,這就是為什麼秋刀魚不清內臟,卻可以直接烹飪的緣故;另外,牠還有個膽囊,內臟吃起來苦甘的味道就是來自於膽汁。

那麼,細長的秋刀魚要怎麼看,才能選到肥美的魚體呢?第一就是新鮮度高的話,魚嘴巴上會有一點黃顏色,甚至傳說中最美最肥的秋刀魚會連魚尾都變成黃色(但目前沒遇到過就是了,哈),然後頭跟肚子的比例差越大越好,也就是「頭小肚子大」,再來,魚眼睛要清澈不塌陷,這些都是美味秋刀魚的選擇關鍵喔!順帶一提,前鎮漁港是捕撈秋刀魚的最大的產地,是很有名的外銷指定魚款,這麼棒的魚在本港就有,說什麼都要多吃啊,你們說對不對呢?

註:若秋刀魚腸子裡若有未消化完的食物,就會產生微生物,容易腐敗發生臭味,這就是為什麼魚壞掉會先從肚子開始壞的原因。

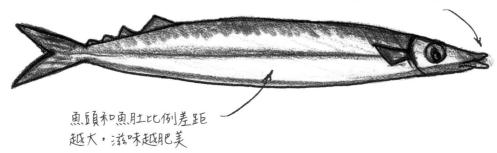

魚嘴黃黃是鮮度佳的指標

魚頭和魚肚比例差距越大,滋味越肥美

魚鱻知識 & 挑選比一比
1

魚鱻比一比

漁家女兒教你分辨

喜知次和石狗公

喜知次和石狗公都是屬於「石狗公目」，外型長得很類似，簡單地說，一尾是深海的石狗公，一尾是淺海的石狗公。

喜知次是生活在400至1200公尺的深海裡，最顯眼的就是牠整身非常鮮紅，唯一在背鰭尾部有一個黑點，是屬於日本東北的魚種。因為所生長的海域非常寒冷，所以魚身就累積厚厚脂肪，如果把烤好的喜知次外皮掀開，就能看到一層明顯的油脂。

此外，在北海道當地本來就是屬於高價魚種，產地價格通常一公斤都要超過一萬日幣，所以台灣進口後都直接送去高級日本料理店，在一般的菜市場不太可能會見到冰鮮的喜知次身影。所以呢，另一種淺海的石狗公就是在台灣沿海經常能捕撈到的魚款了，牠跟喜知次都擁有QQ的魚肉口感，就像土雞一樣，但魚肉比較有彈性、油脂度比較少。

說真的，如果要總結這兩種魚到底差異在哪，猩弟覺得真的就是那層藏著厚厚脂肪的魚皮和相差甚大的魚價了，所以不論產地或價格優勢都是台灣的石狗公CP值比較高，主婦們可以比較買得下手，至於喜知次還是偶爾到餐廳吃就好喔！

註：台灣石狗公有多個種類，右頁圖只是其中之一。

魚鱻知識 &
挑選比一比
1

1 喜知次

處理時，要小心背上
和魚鰓蓋上的尖利

2 石狗公

魚體越鮮紅越新鮮

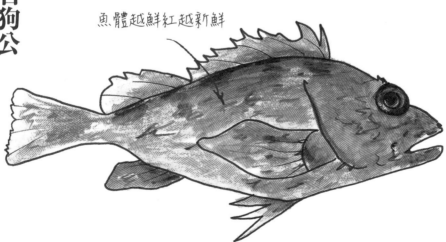

魚鱗知識＆
挑選比一比
1

紅喉魚

魚肉細又沒腥味

　　別看紅喉魚從頭紅到尾，牠的喉嚨可是黑麻麻的，「喉黑」就是他的另一個日本名，比標準和名的「阿卡母慈」更常被使用。

　　紅喉魚很貴，是因為產量不多，因為牠屬於底棲的魚兒，用一支釣的捕獲量有限，另外就是牠那一身神奇的魚肉魚皮，有厚厚的皮下脂肪和細膩的魚肉，不管是用任何烹飪方式做，都不會乾柴，就算沒有調味，也能有一種淡雅的香氣，一點腥味都不會有。

　　所以，不管是在台灣或者日本，都是一種超高級魚種（有白肉toro之稱），在點餐之前，一定要好好問清楚價格，才不會有消費糾紛喔！

　　對了！從外觀上很難看出來紅喉好不好吃，只有在處理魚時才能揭曉，像是魚鱗能很輕鬆地被刮除、魚身摸起來很硬、魚肉切下時有種很脆的感覺，如果符合這幾點，那就是一尾美味油脂滿分的紅喉魚喔！

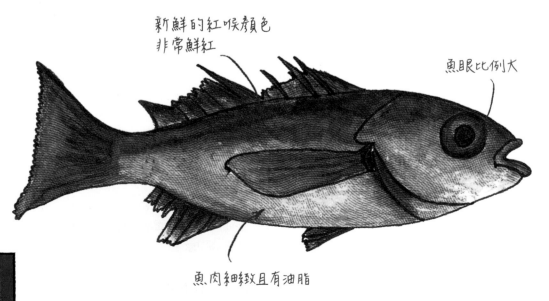

新鮮的紅喉顏色
非常鮮紅

魚眼比例大

魚肉細緻且有油脂

COMPARE

魚鱗比一比

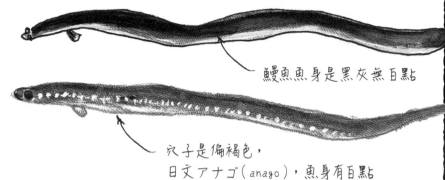

鰻魚魚身是黑灰無白點

穴子是偏褐色，
日文アナゴ（anago），魚身有白點

漁家女兒教你分辨

鰻魚和穴子

　　有次上日語課，老師說現在鰻魚有越來越高價的趨勢，很多料理店，漸漸用穴子來取代鰻魚，因為產量和價格都相對比較便宜。鰻魚和穴子真的能相互取代？翻了許多資料，整理成三點，是這樣的：

■ 第一是生態，鰻魚和穴子嚴格來說只能說是親戚，因為牠們是不同科和屬。鰻魚在海裡出生，會游回去河川生活，等待要產卵時才又游回大海。而穴子是在深海裡出生，長大會慢慢移動到淺海沿岸生活，懷孕的時候又回到深海產卵，所以，鰻魚是淡水魚，穴子是海水魚。

■ 第二是身體構造，不要看鰻魚和穴子好像長得一樣，他們身體結構可是差很多，鰻魚皮膚上有細細小小的「鱗片」，沒有魚該有的「腹鰭」，下顎比上顎突出，體型大約長到60公分左右，從小魚到成魚都是雌雄同體，但成熟時會依照外在環境變性。另一方面，公的穴子就沒有辦法長那麼大，除非是母的穴子才有可能多長一倍，大約是90公分，跟很多生物一樣，女生比較大隻。

■ 第三是營養成分，人家說七分靠後天，因為鰻魚和穴子生長環境不同，所以造就身體脂肪率也不同。鰻魚天生比較多油脂，所以會用火烤的方式來逼出多餘的油脂，這樣吃起來才不會太膩；穴子天生就是瘦子，自然體脂率就低，通常很適合做成天婦羅料理，用油炸增加油脂度，來提高口感。

　　這樣三面看來，兩者天生肉質就不相同，口感也是一吃就會明瞭，要用來互相取代，其實真的不太可能啊！

魚鱗知識 &
挑選比一比

1

COMPARE

魚蟲比一比

漁家女兒教你分辨

正鯧和斗鯧

一般來說，婆婆媽媽想買的白鯧應該是「正鯧」，也就是在台灣海峽這邊捕獲的白鯧，這種鯧魚的魚肉比較細緻，也因為是本港，鮮度也好過冷凍進口鯧。但一個不小心，就會買到印度洋來的「斗鯧」，雖然也是白鯧，但是肉質和鮮度的確會比正鯧差一階。到底兩種鯧，哪裡長得不一樣，就看這三個地方：

1 第一看魚頭，正鯧的魚頭比斗鯧來的圓弧，看到「叩頭」的就是正鯧。

1

正鯧

魚頭「叩頭」

背鰭或腹鰭較長

尾巴如燕尾

2 第二看魚下巴，正鯧沒有戽斗，但斗鯧相反，牠下巴突出。

3 第三看魚尾和腹鰭，正鯧的魚尾和腹鰭長得很像燕子尾，長長又有彎度，斗鯧就比較扁寬，也不那麼修長。

　　這三個地方不難記，會看之後年年適用，新聞裡那種用正鯧的價格買到斗鯧的事件，就不會層出不窮了啊！

2

斗鯧

下巴戽斗

整尾魚身寬扁

魚尾較寬扁且短

魚鱗知識＆
挑選比一比

1

鮏魚

定食的常用魚材

「鮏魚」如其名，就是魚身上有著花花但又不是那麼明顯的褐黑色紋路，而且鮏魚的顏色是隨著年紀而改變的，小時候是青綠色的小魚且生長在淺海沿岸，隨著年紀增加，會慢慢往深海裡面移居，魚體顏色也逐漸變深，也因為住在深海域裡，漸漸地就跟比目魚或鰈魚一樣，牠魚體內的魚鰾（用來裝氣體增加浮力之用）已退化，成魚通常都在大海底層生活。

在日本東北、北海道海域是專門捕撈鮏魚重要的產地，但古早時候礙於急速冷凍設備尚未發達，捕獲到的鮏魚都會被鹽漬做成一夜干保存（因為油脂度高，非常容易腐壞），聽說當時的捕獲量非常大，還被當作戰後日本政府的配額糧食之一，但是因為鮏魚實在太容易腐壞，所以老一輩的日本人對於鮏魚印象不是太好。

延續古時候傳下來的習慣，把鮏魚做成一夜干是很基本和固定的形式，經過鹽烤後的魚肉，其多餘油脂和腥味都能隨之被烤散，加上鮏魚本身的魚刺比較粗大和魚肉肥厚，所以鮏魚幾乎是百分之百的定食定番主角，以後到居酒屋或定食屋吃飯，都可以留意菜單求證一下，烤鮏魚是不是這麼受歡迎喔！

對了，順帶一提，不要以為鮏魚一定是日本來的，像近年因為北海道漁獲量減少，不少居酒屋有成本考量之下，已經轉為使用價格較便宜的美國或俄羅斯來的鮏魚了。

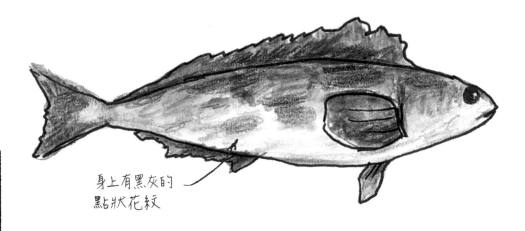

身上有黑灰的
點狀花紋

CHAPTER

1-2
讓烹調、吃魚
變厲害的小技巧

日本媽媽的煮魚巧思

可能從小爸媽工作就忙，在猩弟印象中粉媽好像從來沒有為了我們小朋友吃魚，特地把魚去刺，做成吃不出來是魚做的料理之類的事，第一次吃到不像是魚做出來的菜，是在日本留學時認識的木村媽媽家。

有一天，木村媽媽傳了訊息來，問猩弟今天放學想吃什麼，現在超市有當季的沙丁魚，好吃又便宜，晚上就煮沙丁魚來吃好不好？在國外讀冊又有人煮好晚餐，哪管什麼菜，沒有考慮就回了簡訊說好！可是那天飯都吃完，卻沒見到

木村媽媽正在料理「沙丁魚南蠻漬」。

**有時候烹調魚用點小花招，讓吃魚的氣氛變得輕鬆，
小孩自然會主動多吃幾口。**

沙丁魚本人，還厚臉皮問了木村媽是不是忘了煮魚？

原來，那天沙丁魚連骨和細刺被剁碎做成漿，混合了板豆腐和紅蘿蔔泥，那個在煮物裡面軟軟好像肉又好像豆腐的不規則丸子，是沙丁魚啊！第一次深刻感覺日本媽媽做飯很有巧思，像這種多刺的魚，直接對症下藥，把魚刺剁得細

碎，不僅不用吐刺還能大口吃魚，更進一步讓魚料理的形式變得更不一樣。

這個經驗讓猩弟把魚都要整尾煮的觀念翻了一圈，也不一定要當主菜，有時候烹調魚用點小花招，讓吃魚的氣氛變得輕鬆，小孩子自然會多吃幾口，吃魚要健康要快樂才是雙贏啊！

讓料理變化更多的俐落片魚法

明明是一樣的魚，只不過稍微動了一點手腳，端出料理時，家人們會一邊吃一邊問說這是某某魚對嗎？因為呈現在餐桌上的魚，已經不是平常會見到的樣子。

做魚料理，不見得每次都是全魚，有些魚取片後，又能延伸出更多的變化，料理寬度也能延展出來。像是秋刀魚去了魚頭和內臟還加碼去了魚刺，一尾魚取下兩片無刺的魚肉，搭配不同食材卷在一起，味道又變了，不僅能讓吃的人感受新的滋味，也能創造出新的魚料理，看到家人們疑惑不能確定又好像是的表情，讓猩弟很興奮熱衷磨刀片魚！

譬如像秋刀魚這種長條帶狀的魚，片起來真的不困難，看到一片片漂亮工整的魚片，熟悉上手後會很有成就感，沒有刺能大口吃魚，這麼棒又簡單的方法，一定不會暗藏，絕對要分享出來給大家知道。

HOW TO DO

1. 把魚頭（或一端）固定好。
2. 刀子從尾巴那一端，往固定好的那端切入，慢慢地移動。
3. 順著魚骨（移動刀子時會有感覺），順順地片過去。
4. 取下腹部的整排細刺。
5. 捲什麼材料可依個人喜好，這裡用的是蔥段，最後用牙籤固定好食材。

COOKING 料理小技巧

讓烤魚口感更佳的抹鹽比例

我們一般在家烤的魚，為什麼沒有日料餐廳裡的那樣好吃？

其實，現在家用烤箱或者水波爐都能將魚烤得很美，但問題不在於烤箱牌子、溫度、時間，猩弟覺得最大的關鍵是「鹽的份量」。現代人普通都注重健康，想說不要吃太鹹，所以在料理時，往往鹽的份量下得很輕；但偏偏烤魚需要的鹽分，是要比想像中來得多一些。

那麼，多少的鹽才算足夠？以這尾300g的黃雞魚來說，就抓百分之三，大約是9-10g的鹽，均勻地抹在魚身兩面和肚子裡面。鹽的作用有兩個，一個在於能夠幫助魚肉排除多餘的水分，這樣烤起來魚皮才會香酥；二是能使魚肉緊實，提升魚肉的甜味。

因此，只要掌握好鹽的份量，烤出來的魚就能像日本料理店，有香有鹹的好吃喔！

HOW TO DO

1. 用刀子在魚背上面劃一刀。
2. 依魚重的百分之三為鹽量，撒在魚身表面。
3. 魚肚裡也要撒一點鹽。

料理小技巧

用烘焙紙讓煎魚不破相

如果用不沾鍋煎魚還是會破皮的話，那麼不妨在鍋子裡擺上一張烘焙紙，保證從煎魚苦手變高手。

請選用耐高溫的烘焙紙，平鋪在鍋子裡，再倒入煎魚的食用油。開火加熱後，擺上鮮魚，就這樣開著中小火，然後晃一晃鍋子，如果魚能移動，那就拉動烘焙紙把魚翻面，不需用到鍋鏟，也能將魚煎得很漂亮！

「烘焙紙煎魚法」適用所有魚款，尤其是很難煎的白帶魚、馬頭魚、黑喉魚…等，完全不用沾粉，也能把魚煎到美的沒朋友喔！

1

2

讓烹調、吃魚變厲害的小技巧

料理小技巧

熟度兩招式 掌握煮魚時間與

以前粉媽只要忙碌，家裡的鍋鏟自動就由猩弟接棒，要準備一桌飯菜不是難事，唯有決定料理魚的「時間」和判定鍋內魚的「熟度」才最讓人困擾。

老媽吃了幾次過熟和不熟的魚之後，忍不住把撇步交待出來，簡單兩招式就可以掌握好煮魚時間和熟度，從此下廚都能漂漂亮亮端出一尾魚！

第一招：決定時間　以一片100g的鯖魚為例（最厚處約1cm），要烤熟的時間約8分鐘；如果換成烤一尾200g的赤鯮（最厚處應該有3cm），要烤熟的時間就可以拉長設定為16分鐘左右。

第二招：判定熟度　漂亮的全魚當然不可以用筷子直接撥開，只要可以「輕易」將魚肚（肛門肚洞）後的第一根魚刺拔下，就代表整條魚都有熟透喔！反之，如果卡卡的，就是魚肉還沒有完全熟，就必須再煮一下。

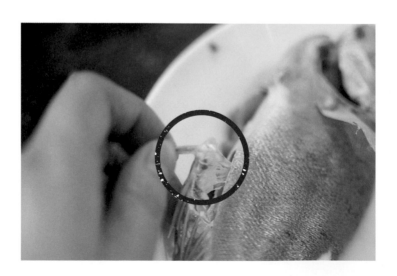

讓烹調、吃魚
變厲害的小技巧

COOKING

料理小技巧

讓牡蠣不破肚的清洗法

許多人在沖洗牡蠣時，通常會用水沖，或是直接抓洗的方式，導致牡蠣最肥嫩的地方破破爛爛的，其實很可惜，用白蘿蔔泥來沖洗牡蠣，就能避免這個問題了。

在大碗中放進牡蠣和磨好的白蘿蔔泥，用手均勻混合，讓白蘿蔔泥充分吸取腥味和沾附髒汙。等到白蘿蔔泥都已變得灰灰的，這時拿取牡蠣至水龍頭下快速沖洗一下就好。

這個方法不僅可以能完整去除汙泥，還能增加牡蠣的甜分。若是一次沒辦法即時把牡蠣食用完，可以把牡蠣水分瀝乾後，以不重疊的方式，將其一顆顆平擺入保鮮袋，然後排除空氣，平放在冷凍庫裡保存，要料理前取出整袋，隔著袋子泡水解凍即可下鍋烹調。

1

2

如何用剪刀快速處理透抽

　　有時候要用刀子去除透抽內臟時，滑滑的透抽很容易讓人失手。建議改用剪刀來處理吧，不僅一剪到底、安全不滑溜，透抽的內臟還能去得乾淨溜溜。以下四步驟，就能快速俐落地把透抽處理得乾乾淨淨喔！

HOW TO DO

1 把透抽翻面，身體的上頭有個小山型箭頭朝自己。
2 從小箭頭處往透抽尾巴剪開。
3 從透抽尾部拉起透明殼，會連透抽頭一起拉下來。
4 最後用剪刀剪掉透抽嘴巴和眼睛。

1

2-1

2-2

3-1

3-2

4-1

4-2

小卷完美汆燙五字訣

有朋友問說小卷如果要汆燙，愛「撒」多久才算剛剛好？

猩弟偷偷問了川爸，以前捕小卷時，他們在船上用大鍋爐汆燙幾百斤小卷的「泰敏」要怎麼掌握，他只給了五字口訣「滾放再滾撈」。就像下方圖示那樣，退冰後的小卷一次全部放入鍋內，但不要、不要、不要去喇，耐心等到再次大滾的時候，直接關火，撈起小卷就可以囉！

這樣燙出來的小卷，軟硬很剛好，可以馬上直接享用；吃不完的份量，等冷卻後放回冷凍庫保存。下次要吃時，就直接退冰，薑絲切一些，放入鍋中大火快炒，就是一盤超好吃的薑絲爆小卷了。

別看汆燙小卷沒什麼，還是需要那麼一點小技巧的！

1

2

3

4

COOKING

料理小技巧

怎麼避免魚皮黏在烤網上

去年準備日本魚檢定的考古題裡，有一道題目是這樣出的：

Q：在烤魚之前，先在魚肉的表面上刷上什麼調味料，
　　就可以避免魚皮沾黏在烤網上？

A：1醬油　2醋　3芝麻油　4烤肉醬

一見到題目，利用刪除法，先去掉1和2，猩弟在3與4（有醬油又有油，很完美啊）中間考慮了很久，最後選擇4，沒想到答案是令人猛揉眼睛的「醋」！為了確定解答本沒有印刷錯誤，順手拿了剛經過兩天兩夜干的姬鯛魚來做實驗，將魚皮刷上一層醋，送進烤箱，靜待答案揭曉。

20分鐘經過，直接用筷子將魚翻面，咦，真的有比原本刷油或預熱烤網來得不沾許多！解答裡是說，利用醋和蛋白質的反應，預先將蛋白質凝固起來，這樣在烤的時候，就能避免蛋白質直接跟鐵網結合，而產生沾黏的現象。下次烤魚之前（無論是烤一夜干或新鮮魚片），記得把要跟鐵網接觸的那面魚肉，預先刷上一點醋喔！

讓烹調、吃魚變厲害的小技巧

嫩又脆口的
內行燙蝦秘訣

記得第一次去養蝦場找養殖業者時，當時養殖戶大哥問我會不會燙蝦？

拜託Ａ～就水滾，等蝦子變紅再滾一下就好了，這種沒有難度啦！沒想到，一直以來燙蝦的「泰敏」都抓錯，大哥說正確的時機是要趁蝦子的橘色腦漿沒被滾出來前，就要把蝦子撈起來，這樣蝦肉才會柔嫩有脆度，要是鍋子裡滿是橘橘的泡泡，那就過頭了！

回家一試，果然這樣燙出來的蝦，好嫩！好脆！沒想到差這麼一點訣，口感真的就差這麼多！

HOW TO DO

1 在冷水鍋中放入檸檬片煮滾（有去腥的效果）。
2 倒入蝦子。
3 趁蝦子的橘色腦漿沒被滾出來之後，就撈起蝦。

NG！水太滾會讓蝦子腦漿溢出

魚兒肥美度的辨別小技巧

大家平時買大型魚的切片時，總習慣要找出最肥最好吃的那一塊，其實，用眼睛看，也能知道魚到底油不油，只要看魚肉顏色就知道。

下方兩張照片都是鯖魚取片，大家看魚肉的顏色如何？魚跟肉類一樣，油花會是白色的，只是魚肉是整片粉紅偏白，就像照片這樣（比較沒油就會血色比較明顯）。因此，在外面選購剖面的魚鱻時，就可以互相左右比對，觀察哪尾魚肉的顏色看起來比較粉白，就代表油脂度比較高（但鮭魚例外，白色是筋，越靠近魚尾的切片，白色筋就越多，礙口不好吃）。

學會看兩眼，魚兒油不油，不用問老闆，自己也能輕鬆選對好吃的那一尾喔！

整片粉紅偏白，
較沒有油脂。

整片偏白，較有油脂。

三步驟炒出營養魚鬆

魚鬆真的不難炒，不信炒一次試試看！

炒魚鬆最大重點就是小火加時間，然後三步驟，「蒸、壓、炒」就可以完成。

先把魚蒸熟（加不加醬油調味都行），準備多雙筷子綁在一起，把已熟的魚肉壓碎。取一個鍋開小火，把碎碎的魚肉移鍋內，不停地攪散，讓魚肉水分蒸發掉，等到魚肉變得毛毛的，就是魚鬆可以起鍋的時候了喔。

等魚鬆炒好放涼，倒進乾淨無水分的玻璃瓶或保鮮盒中，大約可以常溫保存3-5天；如果不安心，放冰箱冷藏也是沒問題的，之後拌美乃滋夾麵包、煎蛋餅或直接給小朋友舀來當零食吃！

HOW TO DO

1. 把魚蒸熟，剝成小塊，並撕除魚皮。
2. 準備多雙筷子綁在一起，把魚肉弄碎。
3. 取一個鍋開小火，乾鍋炒香碎魚肉。
4. 等到魚肉變得毛毛的，就可以關火。

1

2

3

4

善用調味料增加魚料理風味

不曉得你會不會覺得，每次煮魚味道好像都差不多呢？其實，很多市售調味料、沙拉醬、照燒醬可以應用，只要醬料運用得宜，也能使魚料理增加不同風味，一下就能變化出新菜色來。

1 番茄醬和美乃滋：番茄醬4：美乃滋1的比例再加上一點檸檬汁混合攪拌，這樣的醬汁口味跟很多白肉魚都很合拍，例如：赤鯮魚、馬頭魚、鬼頭刀魚排。只要把魚蒸熟或煎熟，淋上混合的醬汁，搭配蔬菜後就很完美。

2 咖哩醬：咖哩醬偶而能利用在蝦、透抽、干貝，例如：煮製成海鮮咖哩，會有很不錯的風味。

3 和風沙拉醬：和風沙拉醬裡大多都有柑橘或洋蔥，這些成分不僅能幫助去除腥味，也能有助於魚肉變得緊實有彈性。在料理前，先把鯖魚、竹筴魚、煙仔虎、鮪魚這類的青皮魚醃漬後再烹調，這樣料理後的魚就算冷掉吃，也不會有腥味產生。

4 烤肉醬、照燒醬、味噌：像醃漬肉品一樣，可以把魚片、魚塊放進保鮮袋，倒入這些醃醬，在冰箱擺上一晚，隔天直接用烤箱加熱，就能烤出像西京燒那種風味的烤魚。

5 泡菜：煮湯或燉煮魚料理時，加一點泡菜和根莖類一起燉煮，這樣的一鍋煮不僅很下飯，還能放入冰箱保存當作常備菜，要吃時再取出加熱，非常方便。

6 鹽麴：如果不知道怎麼抓抹鹽的比例，那就使用鹽麴來解決。可以隨意地把魚片兩面塗上鹽麴，送入冰箱約15分鐘，因為鹽麴內有固定調配好的鹹度，能使魚肉均勻沾附鹽味，就算失手抹太多也不至於過鹹。發酵後的米麴酵素還能使魚肉軟化且去除腥味，如果覺得料理魚很麻煩，那就試試看鹽麴，真的非常萬用喔！

退冰後的魚沒煮，該冰回去嗎？

有時候難免會有這種情況發生，像是食材漏煮、煮太多、或是不知道怎麼煮…等，像這樣已經把魚解凍了，到底該怎麼辦？猩弟強烈建議不要再冷凍回去喔！

原因就是魚肉在解凍的過程中，營養素多少已經跟著血水流出，而且因為魚肉組織比較柔軟，蛋白質已經慢慢變化，解凍再冷凍再解凍就很容易產生腥味，魚只會越冰越不新鮮。

猩弟跟大家說，既然魚已經解凍了，那就順勢而為拿個平盤鋪上廚房紙巾，魚皮面朝下，上面撒一點鹽巴（可抓魚肉重量1%的量）抹勻，直接放入冰箱的冷藏層。記得喔！連保鮮膜都不要包，就這樣利用冰箱的風扇乾燥功能放一夜，等魚肉的水分散發後，會變得半透明且有彈性，馬上變身為好吃的一夜干喔（通常可以這樣冷藏一兩天，都沒問題的）！

所以拜託大家，解凍後的魚千萬不要再冷凍回去，試試看這個方法，魚不會浪費，還能美味升級！

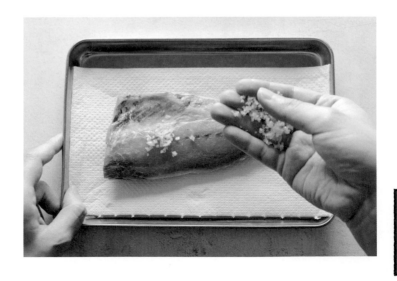

簡單自製萬用柴魚高湯

不知道大家在不在意湯頭？

　　超級愛吃火鍋的猩弟，一週可以吃四天火鍋（其實可以每天吃），所以特別重視湯底。如果喝到添加合成的味精高湯，就會頭麻一整天，來分享平常會做的一番出汁的黃金高湯做法，不只可用在湯品，還有蒸蛋、玉子燒、蒸魚、味噌湯攏北賣喔。

材料
水…1L
昆布（日高昆布 15-20cm 長度）…15-20g
柴魚…20-30g

HOW TO DO

一番出汁
1 把昆布浸泡放在清水中，至少30分鐘。
2 用小火慢慢加熱，在全煮沸（滾）前，取出昆布（昆布加熱超過70度就會有腥味），昆布的功效只是釋放「甘味」而已。
3 接著放入柴魚，一樣維持小火。
4 煮15秒後，關火撈出即可（如果覺得只煮一下下就丟掉食材會浪費，就沿用撈出來的食材，接著煮就是二番出汁）。

二番出汁（用第1次的食材，加料煮第2次的高湯）
5 使用1L的清水，加上剛才撈出來的昆布和柴魚繼續煮10分鐘。
6 過程中可再加入10g柴魚。
7 接著關火，不馬上取出，等到柴魚下沉再取出。

使用方式
「一番出汁」可以用於著重湯頭的料理，「二番出汁」則運用在燉煮根莖類或者味道比較微弱的食材上，主要是活化味道。待高湯完全冷卻後，放入冰箱保存兩週，隨時可以取用；做料理時記得加上鹽巴就可以囉！

讓烹調、吃魚變厲害的小技巧

讓
烹
調
、
吃
魚
變
厲
害
的
小
技
巧

粉媽牌的清澈魚湯煮法

薑絲魚湯要煮得清甜，沒有功夫但有小技巧！

一直以為煮薑絲湯沒有困難，猩弟煮過一次後，才發現一鍋湯有魚味、有蔥薑味，但是很、不、好、喝，因為味道都各自分開，一點也不融合。

直到有一天，躲在角落偷看粉媽煮湯（在媽媽面前永遠都要說不會煮～），魚還沒下鍋前，就看到一陣白煙飄起，原來阿母偷藏一步！煮魚湯之前，魚肉要像雞肉一樣要先汆燙去雜質，不過比處理肉簡單，是直接用熱水淋過魚的表面和沖一下魚肚就可以。

多做了這一步，魚湯煮起來，不會濁濁的有臭腥味，薑絲魚湯真的又清又好喝喔！分享一下躲在牆邊偷學的薑絲魚湯做法給大家！

HOW TO DO

1. 用熱水先沖過魚身表面。
2. 魚肚的部分也要沖一下熱水。
3. 湯鍋內先倒入少許的油，在「冷油」時就丟進薑絲，開小火，等薑爆出香氣。
4. 薑氣確實爆出來之後，倒入冷水。
5. 趁水還沒滾之前，放入魚（隨著溫度上升，魚的雜質就會被煮出來）。
6. 待大滾之後，很明顯可以看到雜質泡泡，確實把它們撈出。
7. 最後放入鹽、蔥末，再滾一下就可以關火了，這樣煮出來的魚湯會十分清澈。

讓烹調、吃魚變厲害的小技巧

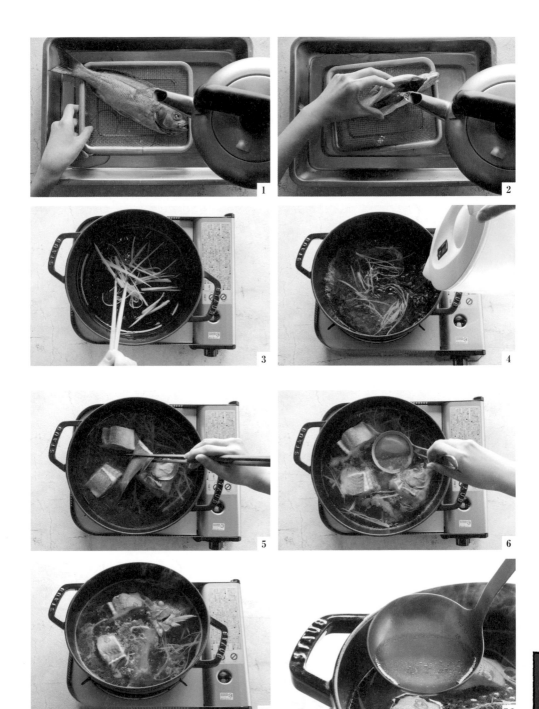

讓烹調、吃魚
變厲害的小技巧

兩步驟把秋刀魚 吃得漂亮乾淨

大部分媽媽們應該很少給小朋友吃秋刀魚吧？

明明秋刀魚是醫生很推薦吃的魚款，我們卻很少給小朋友吃，主要因為它的魚刺很多又很細。其實，像這樣烤熟的秋刀魚，猩弟會撥開魚皮，將魚身一分為二，用筷子沿著中間魚骨劃下去，就可以輕鬆夾起一塊魚肉，另一邊也比照辦理。通常，一次就是烤兩尾，給女兒吃掉兩尾的上半部，媽媽就負責吃完有腹刺的下半部，這樣一樣是各吃掉一尾。

既然，吃魚是希望孩子變聰明，那我們更應該精確地選擇魚種，這樣等於才能真正吃進滿滿的Omega-3和DHA啊！

HOW TO DO

1. 用筷子在魚身中間的魚骨處，往右劃一道，將魚一分為二。
2. 撥開下半部的魚皮。
3. 上半部的魚皮也撥開。
4. 就能輕鬆夾起整條魚肉。
5. 最後用筷子尖端剔掉邊緣的小刺。

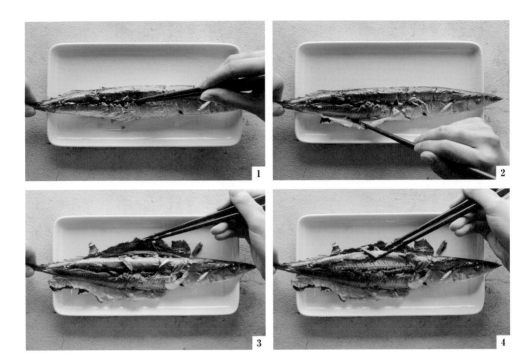

1

2

3

4

5

讓烹調變厲害的小技巧 2

魚鱻方便醬與常備小菜

其實魚和肉一樣，是萬用的主食材，
用它能變化出百搭醬料和能即食或冰存的小菜，
是平日下班後沒時間做菜時不可或缺的常備料理。

把魚做成隨時能上菜的好用醬

優格洋芋抹醬，或是油漬香料小卷…等這些瓶罐。特別在週末時，會請小妞來一起動手，製作下一週要吃的魚醬料、這個年紀的小朋友都特別愛幫忙，像這種需要把魚肉弄碎的工作正適合讓他們做。破壞完魚肉後，媽媽加入其他食材和調味，最後的搗碎和攪拌也是布拉魚最得意的拿手活，為了表現自己的能力給馬麻看，自動自發做得很起勁，姿勢動作都很到位，週末一起做魚醬是消磨假日時光的一種不錯的消遣啊！

不過，做醬的魚鱻要稍微選擇過，像是沙丁魚、鯖魚、竹莢魚、秋刀魚這些青背的洄游性魚類就很適合，因為魚肉本身質地比較粗糙，這樣被做成醬的型態時，口感不會顯得軟爛，存放在冰箱裡，可以保存三到五天，很多時候不用開火，隨時搭配白飯、麵包和餅乾當個配菜或點心都很方便。相反的，不會把赤鯮魚、馬頭魚或石狗公這些白肉魚做成魚醬，原因就是價高量少，用來當主菜是比較實在的選擇，這也是為什麼市面上許多魚類加工品都用經濟實惠的洄游性魚類，自己在家做魚醬也是這種概念。

所以啊，做魚醬對猩弟家來說是種「摸蜆兼洗褲」的事情，能促使親子之間的感情，又可以隨時來點蛋白質補充，一家人吃這款的點心零食，媽媽安心、小孩開心，這樣的魚醬有沒有很萬用健康啊！

做魚醬能促使親子之間的感情，又可以隨時來點蛋白質補充。

我們家很注重蛋白質的攝取，吃飯前都會加加總總蛋白質含量，這也使得布拉魚跟著學會檢視餐點的蛋白質量，有時候晚上還會檢討一整天的攝取量，不足的時候還會索討蛋白粉奶昔喝，真的是一個很奇怪的四歲半小孩！

不知道有沒有跟別人家不太一樣，我們家冰箱裡沒有巧克力或草莓醬，但是有裝著煙仔虎混合美乃滋的抹醬、鯖魚

TOPIC 2

日日食魚鬆

縮短時間的漬魚鬆變化

雖然小孩現在白天去上課，但媽媽自己還是覺得時間不夠用，早上送布拉魚上課後，就開始忙碌一天的魚仕事，有時候是做魚料理、有時候是跟工廠阿姨們研究新品上架的魚兒處理和包裝，又有時候是像這樣在寫文…。週一到週五就像仙杜瑞拉一直在看時間，轉眼時間就用完，立刻要趕去接小孩放學，回家就得進入晚間的備戰時刻，說廚房跟戰場一樣真的不誇張。

所以，如果事先能做好或做好一半的料理，對主婦（無論全職或職業主婦都很沒空啊～）來說很重要。不過，談起常備菜，一般海鮮的選項比較少，但有些魚蟲冰冰的吃或再加熱吃是很美味的，例如：油漬小卷（請見第一本著作「漁家女兒的魚蟲食帖」）做好後，可以直接冷冷的狀態拌生菜沙拉，淋上少許油醋；或用來和煮好的白飯一起混合，立刻變出一鍋香噴噴的「偽炊飯」。

另外，像是「紅酒番茄燉煮秋刀魚（請見73頁）」，這種類型更可以變化出麵食，用柴魚高湯襯底，煮個麵，舀起

如果事先能做好或做好一半的料理，對時間很少的主婦來說很重要。

滿滿一大匙預先煮好的秋刀魚，那就是「秋刀魚番茄煨麵」了。常備菜在我的想法裡面，就是一種罐頭食品，只是，是自己親手加工生產的，原先製成時是一種味道，等到要開來吃時，可以依照當時手邊的食材和當下靈感來加乘變化，如果，真的一點時間都沒有，至少還擁有原本罐頭的功能，是一種打開即食的概念，在關鍵時刻能上得了餐桌。

以前壓根兒覺得料理要現做才好吃，常備菜食譜一點都沒有吸引力，現在有小孩才知道常備菜的美，不是什麼菜都是現做最好吃，而是烹飪時，懷抱著輕鬆且迎刃有餘的心情去調味，要是一邊罵小孩一邊趕著煮，就算現點現做的飯菜也不會好啊，掌廚人的奇摩子，絕對是一桌菜美不美味的重要關鍵，媽媽們，我們煮飯時可是要優雅愉快啊！

柚子胡椒薑絲煮煙仔虎魚

FISH RECIPE
01

香氣十足日式風味！

這個不只是常備菜也是下酒菜。突然想喝一杯，配個辣辣甜甜的魚肉，絕對是很對味的選擇，很推薦主婦們一定要常被這款，追劇也是很需要有東西吃的！

材料
無刺煙仔虎魚排…200g
嫩薑絲…13g
油…30ml
日式柚子辣椒…1/2匙
玉泰醬油…1匙

作法
1️⃣ 把油倒入平底鍋，冷油放嫩薑絲炒出香氣。
2️⃣ 無刺煙仔虎魚排切成適口大小的塊狀。
3️⃣ 待薑香味出來後放入魚肉塊，以中小火將兩面煎熟。
4️⃣ 倒入日式柚子辣椒和醬油，攪拌翻炒均勻即可。

油醋黃檸檬煮鯖魚

FISH RECIPE
02

清爽果香！

在沒胃口的時候，來點這種清爽又有酸味的料
理，瞬間能讓人食慾大開，而且還是吃健康的
魚，一點都沒有負擔的喔！

材料

去刺鯖魚…2片
（約260g，直切一片成三條）
洋菇…150g（小顆對半切，大顆切四塊）
蒜末…5g
洋蔥末…25g
黃檸檬…1顆（一半切片，一半擠汁）
橄欖油…30ml
玄米油…30ml
鹽…1/2匙
白酒…100ml

作法

1 鍋中倒入玄米油，倒入蒜末炒香。
2 倒入洋蔥末拌炒，倒入洋菇塊拌炒至柔軟。
3 把鍋中的洋蔥末和洋菇撥至鍋邊，沿著原鍋
　放入條狀鯖魚肉，將魚肉稍微兩面煎熟。
4 倒入白酒煮開，等酒精都揮發後放鹽。
5 魚肉變白色熟透後就關火，擠半顆黃檸檬
　汁，另外半顆切片裝飾。
6 起鍋前，淋上一些橄欖油即可。

花椒鈕扣菇燉煮秋刀魚

煮

配飯單吃都合適！

如果把花椒擺在麻辣鍋裡，只能吃到麻嚐不到它的香，但是擺在這邊跟秋刀魚在一起真的是太合拍，一邊去除魚腥味，一邊還能散發出淡淡的花椒香，是一道顛覆想法的清燉秋刀魚料理。

材料

秋刀魚…4尾
鈕扣菇（或一般乾香菇）…20g
市售日式高湯…100ml
清水…500ml
老薑片…10g
花椒…5g
醬油…1大匙
清酒…2大匙

作法

1. 先將清水和高湯混合；鈕扣菇泡水，備用。
2. 取一湯鍋放入已去除頭部、內臟、肚子血合的乾淨秋刀魚。
3. 放入花椒、清酒、醬油和老薑片，在表面蓋上廚房紙巾（請用遇濕不會破的廚房紙巾，可吸附雜質並讓魚肉均勻熟透入味）。
4. 放入電鍋中，外鍋水300ml，待電鍋開關跳起即可。

紅酒番茄燉煮秋刀魚

濃郁番茄香氣！

又是秋刀魚！沒錯真的太喜歡秋刀魚，所以冰箱時刻都有秋刀魚的蹤跡，像這樣做成濃口滋味，吃飯吃麵也能馬上有魚來配！

材料

秋刀魚…4尾	紅酒…200ml
洋蔥塊…180g	青蔥…1根（約26g）
油…30ml	八角…1顆
明德辣豆瓣醬…1大匙	醬油…30ml
蒜碎…8g	牛番茄…3顆

作法

1 放入已去除頭部、內臟、肚子血合的乾淨秋刀魚，一尾切兩段。

2 把油倒入平底鍋，放入切小塊的洋蔥，炒至透明狀後加入牛番茄攪碎，拌炒至有點柔軟。

3 放入豆瓣醬、醬油、蒜碎拌勻，再放入秋刀魚、八角和整根青蔥。

4 倒入紅酒，煮至大滾後，加蓋燉煮40分鐘後關火。

料理Memo　　1　一定要將肚子裡的血合清乾淨，這樣燉煮才不會有腥味。
　　　　　　　　2　紅酒品牌不限，平價易取得的紅酒種類即可。

猩弟流・延伸吃法！
用越南春捲皮當底，把料捲起
來，再切成適口大小，就是一
道適合夏日餐桌的開胃小菜了。

辣炒酸豇豆鬼頭刀

炒

絕佳飯友！

猩弟的先生習慣吃飯時總是有東西拌，所以這
種下飯又可以吃到魚料理的常備菜，就是飯友
一定要必備的喔！

材料
鬼頭刀…1尾（約250g）
豇豆…75g
油…30ml
蒜瓣…4g
鹽…1/2匙
香菜…適量

作法

1 鬼頭刀切成小塊狀，蒜瓣切碎，備用。

2 把油倒入平底鍋，冷油煸出蒜香，放入切碎的
豇豆拌炒，再放魚肉塊。

3 魚肉會出水，必須炒到魚肉完全水分蒸發，收
乾水分才能關火。

4 起鍋前放鹽調味，最後依個人喜好添加香菜。

花椒八角漬丁香魚

漬

配飯麵都好吃！

這道菜的味道很香，有時候光想就忍不住跑去
冰箱，開了蓋子直接夾出來當零食吃，是一道
常常吃到停不下來的涮嘴常備菜。

材料
生丁香魚…150g
鹽…1/4茶匙
玄米油…100ml
蒜瓣…7g
花椒…2g

作法
1. 把生丁香魚放入平底鍋中，不放油，以小火
   煸熟，放入鹽，待魚身由透明轉白。
2. 取另外一個乾淨的鍋，倒入玄米油和去皮拍
   過的蒜瓣，以小火炒至蒜香出現。
3. 放入花椒，讓鍋中的油煮至小滾後熄火。
4. 取一個乾淨的保存容器（玻璃或琺瑯），放入
   煸好的丁香魚，淋上花椒熱油，冷卻後放冰
   箱保存。

猩弟流・延伸吃法！
搭配蘇打餅乾或鹹餅乾，當成
餐間小點心。

猩弟流・延伸吃法!

切掉彩色小番茄的蒂頭或挖空,當成填餡;或是用吐司麵包、長麵包夾著吃。

泰式酸辣鯖魚鬆

FISH RECIPE
07

酸辣好開胃！

光是想到酸酸辣辣的味道，口水就開始自動分泌，鯖魚天生就有個特殊的魚味，搭配這樣的辛香料非常融合，不管是用來當吐司夾餡、生菜葉包起來吃都很合適喔！

材料
去刺鯖魚…2片（約260g）
生辣椒碎…6g
蒜碎…6g
洋蔥碎…50g
鹽…2g
新鮮檸檬汁…10ml
檸檬皮屑…少許
魚露…2.5ml（不喜可略）

作法
1 將退冰後的鯖魚片放上烤盤（魚皮朝上），以180度烤10分鐘。
2 將烤熟的鯖魚肉剁碎壓散，去除魚皮後稍微放涼。
3 混入生辣椒碎、蒜碎、洋蔥碎、鹽、檸檬汁、魚露拌勻，最後撒上檸檬皮屑即可。

油漬珍珠洋蔥小卷

漬

口感與滋味大滿足！

台灣的小卷真的很鮮嫩，不過有時候開封一盒份量有點多，用這個方法可以把小卷漬成另一種味道，存放在冰箱裡想吃就吃，搭配沙拉或者單純品嚐都非常美味。

材料

小卷⋯300g
珍珠洋蔥⋯125g
油⋯100ml
鹽⋯1/4匙
蒜瓣⋯4-6瓣

作法

1. 珍珠洋蔥不用去皮，先放入烤箱，以180度烤20分鐘；取出放涼，去除洋蔥外皮，備用。
2. 去除小卷內臟（也可省略，視個人；不需沖洗小卷，以免破皮）後放入碗中，撒些鹽，稍微翻動讓小捲沾上鹽。
3. 取一個平底鍋，先不用倒油，開小火把小卷煸熟後先取出。
4. 再取另個鍋子，倒入100ml的油，放入拍碎去皮的蒜瓣，以小火煸至蒜香出現。
5. 依序放入珍珠洋蔥、小卷，維持小火，煮至微滾就可關火。
6. 待完全涼卻後，放冰箱冷藏保存。

猩弟流・延伸吃法!
和其他食材一起堆疊,用竹籤固定,就是方便食用的派對小點。

猩弟流 · 延伸吃法!
把吐司麵包棒放烤箱烤一下收
乾水分,沾著醬吃;或是用長
條餅乾棒也很搭。

醬

金鉤蝦仁希臘優格醬

小朋友也愛的塗醬！

覺得自己吃太多的時候，可以沾這個醬或直接吃這個醬來擋一餐，都是很好的蛋白質補充，不過記得，優格要吃的時候再拌入，不然很容易產生過多的水分喔。

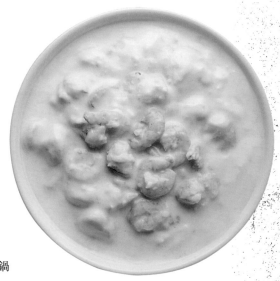

材料
金鉤蝦…150g
洋蔥碎…25g
蒜碎…3g
希臘優格…90g
奶油起司…20g
鹽…1/4匙
西洋芹葉…適量

作法
1 讓金鉤蝦退冰（不需沖水），直接倒入平底鍋乾炒，加鹽炒至水分收乾取出，備用。
2 將洋蔥碎、蒜碎和金鉤蝦混合均勻。
3 取一乾淨的調理盆，將希臘優格和奶油起司攪拌均勻（務必現做現吃，以免優格出水）。
4 加入步驟2食材，依個人喜好可放入一點切碎的西洋芹葉增添風味。

CHAPTER

3

原來魚鱻
還能這樣吃

這個篇章要打破一般人對於魚鱻料理的刻板印象，
讓猩弟告訴你，魚鱻料理煮法吃法無極限！
除了開胃的鹹食，還能做成小點心，甚至是蛋糕餡料⋯等，
快來嘗試看看好吃好做的驚奇料理。

魚鱻做菜不設限

濃玉米湯」，兩個小朋友們喝到敲桌續碗，小男生的媽媽比弟弟本人還開心，因為那是第一次看到自己的兒子吃掉這麼多魚，眉頭也沒皺一下，她說以後也要讓魚兒隱藏其中，好讓小屁孩吃魚吃得不留痕跡。

其實，有時候像這樣用魚來替代肉類，會比原先食材更有效果，如果照舊使用雞胸肉來做成雞絲玉米濃湯，小孩可能會因為雞肉絲不好咀嚼，最後吐了一坨雞肉出來，換成魚肉，質地比較細膩柔軟，不用特別咬，唏哩呼嚕三兩下，玉米湯就被喝光光了。

受到讚賞之後，那一陣子猩弟總是熱衷用魚肉來取代肉類料理的遊戲，常常在翻閱食譜書後就隨機找道菜色來做，有時候很幸運像玉米湯一樣，成品超出預期比肉還好吃；當然有時候也會意外地失敗，像是鯖魚沙茶燴飯，是一種吃一口會立刻投降的味道，儘管不是每次都能成功把肉類替換掉，但這樣跨出第一步，魚蟲的料理就已經不再侷限了。

讓小朋友可以不見其物地
吃掉某一種食材，
尤其是讓不愛吃的人吃掉了魚，
完全就是最大的成就感來源啊！

現在煮魚料理，不只是為了讓愛吃魚的人吃魚，有更多時候是想挑戰不愛吃魚的人，讓他喜歡上吃魚。

記得有一次布拉魚畫畫班的同學來家裡玩，在之前就約定好會在我們家吃飯，猩弟知道那個小男生不愛吃魚，但那天還是準備了魚料理。將鬼頭刀魚切成細長條狀，跟著培根洋蔥一起爆香，倒入玉米醬和高湯，煮了一鍋「魚絲香

不過說到底，會做這些都是被小孩磨出來的，怎麼樣把他們排斥的食物打散、混合再重組，讓小朋友可以不見其物地吃掉某一種食材，尤其是讓不愛吃的人吃掉了魚，完全就是最大的成就感來源啊！希望這個篇章的食譜，能讓愛吃魚的你有更多做菜想法與靈感，甚至讓不常吃魚的家人也能跨越門檻、從此喜歡上各種魚料理。

TOPIC 2

日日食魚鱻

認識台灣漁港與特色魚鱻

　　就現今的魚產品的進口、養殖和急速冷凍設備的發達成熟來看，魚的時令吃當季好像就不像農產品有那麼明顯的差異，但是節氣還在走，若能在對應的季節吃到對的魚，那股滋味還是最鮮美！所以，不管如何，猩弟還是很希望大家能多少知道台灣「旬」當季的在地海味是什麼，或許有那麼一天可以應用得上！（像是上魚市或市場比較不會上當這樣，哈）

春　春天是大部分洄游性質的魚產卵的季節，因為這樣會更浮游在海洋的上層，這個時候出海捕撈也就比較容易遇見他們。像是：煙仔虎、正鰹、花煙、煙仔、白北、旗魚、飛魚、鬼頭刀。

夏　在炎熱的時節比較需要強烈味道來促進食慾，譬如辣椒、檸檬、大蒜、香菜…等，這個時期比較活躍的魚類就很適合來搭配這些食材，來做些下飯的東南亞料理，譬如：黃雞魚、赤鯮魚、小卷、透抽、石老、石狗公、馬頭魚、竹筴魚、鯖魚、紅喉、黑喉。

秋　進入稍微有點涼意的季節，魚兒們也開始從北邊向南游，譬如：南下的秋刀魚、準備產卵的三點蟹、花蟹，還有龍占魚、白帶魚。

冬　跟著海洋暖流洄游到台灣海域過冬的烏魚就是最具代表的冬季魚款。不過像是嘉鱲、黑毛、白毛、臭肚也是冬天時很好吃的魚！

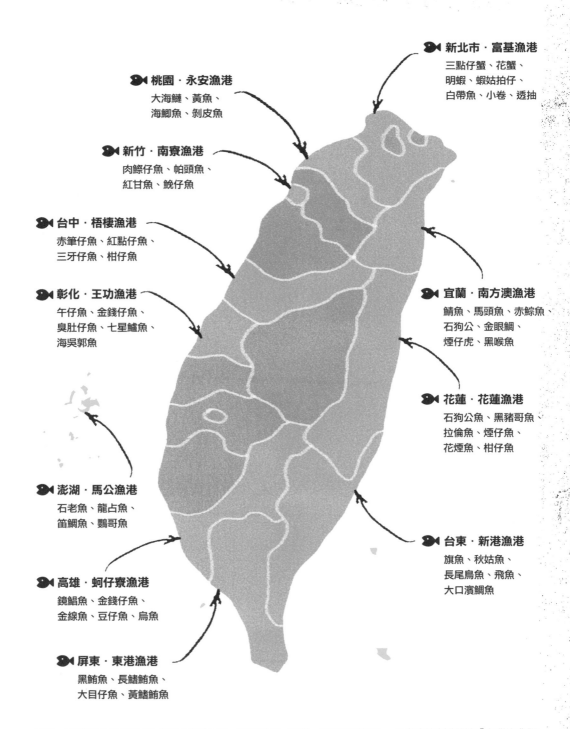

新北市 · 富基漁港
三點仔蟹、花蟹、
明蝦、蝦姑拍仔、
白帶魚、小卷、透抽

桃園 · 永安漁港
大海鰱、黃魚、
海鯽魚、剝皮魚

新竹 · 南寮漁港
肉鯽仔魚、帕頭魚、
紅甘魚、鯢仔魚

台中 · 梧棲漁港
赤筆仔魚、紅點仔魚、
三牙仔魚、柑仔魚

彰化 · 王功漁港
午仔魚、金錢仔魚、
臭肚仔魚、七星鱸魚、
海吳郭魚

宜蘭 · 南方澳漁港
鯖魚、馬頭魚、赤鯮魚、
石狗公、金眼鯛、
煙仔虎、黑喉魚

花蓮 · 花蓮漁港
石狗公魚、黑豬哥魚、
拉倫魚、煙仔魚、
花煙魚、柑仔魚

澎湖 · 馬公漁港
石老魚、龍占魚、
笛鯛魚、鸚哥魚

高雄 · 蚵仔寮漁港
鏡鯧魚、金錢仔魚、
金線魚、豆仔魚、烏魚

屏東 · 東港漁港
黑鮪魚、長鰭鮪魚、
大目仔魚、黃鰭鮪魚

台東 · 新港漁港
旗魚、秋姑魚、
長尾鳥魚、飛魚、
大口濱鯛魚

備註：1 可能會因捕撈海域或進口產地不同，漁獲時間、體型、鮮度有所差異。　2 參考資料來源為「台灣漁業署魚類資料庫」與「海洋大學漁場資訊研究室」。

秋刀魚酥皮起司餅

FISH RECIPE
01

酥脆有味小點心！

2

老實說這本來是清冰箱料理，沒包完的餛飩麵皮和沒幾片的甜羅勒葉，擺上秋刀魚，隨意丟進烤箱，沒想到甜羅勒葉能夠綜合掉秋刀魚過重的魚味，起司讓魚肉更濕潤，這樣好看又好吃的小點心，真的可以常常做～

3-1

材料

秋刀魚…2尾	鹽…少許
餛飩皮…24片（大片）	黑胡椒…少許
起司片…12片	蛋黃…1顆（打散，刷色用）
新鮮甜羅勒葉…12片	

3-2

作法

1. 將去除頭部、內臟、血合的秋刀魚取片（請見42頁），切成3段，在魚身表面撒鹽。備用。

2. 取一片餛飩皮，放上切一半的起司片、甜羅勒葉、秋刀魚片，撒一點黑胡椒。

3. 在餛飩皮四周沾一點水，蓋上另一片餛飩皮，將四個角內折，用叉子壓緊邊緣固定，以此方式共做完12個。

3-3

4. 刷上蛋汁，送入烤箱，以180度烤6分鐘後取出（實際請視個人烤箱功率調整）。

3-4

香烤白帶魚磯卷

FISH RECIPE
02

滿滿海味香氣！

利用現成的白帶魚花卷，把魚片攤開夾進海苔和起
司片，搭配對比的顏色，再送入烤箱，幾分鐘後就
是一道媲美法式餐廳的魚料理，快點動手試試看！

材料
去刺白帶魚捲…6捲
起司片…3片
壽司用海苔…1片

作法
1. 將海苔剪成比白帶魚寬一點的條狀，
   起司片則切成和魚肉等寬，備用。
2. 攤開白帶魚清肉，先在魚肉上放海苔，再
   放上起司片，用牙籤固定起來。
3. 送進烤箱，以180度烤10分鐘後取出（實
   際請視個人烤箱功率調整）。

2-1

2-2

免烤鯖魚
奶油起司塔

驚奇美味甜鹹點！

如果你跟猩弟一樣不太愛甜品，這款不甜的塔
就很推薦。而且還是不需要烤箱就能完成的一
道點心，是可以帶出門參加派對吸引目光的驚
喜料理！

材料

【塔皮】	【塔餡】
消化餅乾…160g	無刺的烤鯖魚…半片
無鹽奶油…80g	（約50-60g）
	奶油乳酪…60g
	檸檬汁…半顆
	鹽…1/4匙
	檸檬片…數片
	檸檬皮屑…少許

1-1

作法

1 先將消化餅乾敲得非常細碎，與奶油均
勻混合，填入塔模壓緊實，放冰箱冰鎮
定型。

2 將無刺的烤鯖魚弄碎在大碗裡，混合奶
油乳酪、鹽、檸檬汁一起拌勻成餡料。

3 將冰鎮好的塔皮取出，填上調配好的乳酪
鯖魚餡料，排上切成扇形或半月形的檸檬
片，磨上檸檬屑即可。

1-2

炸

蘇打方塊
玉米蝦餅

香酥好爽口！

布拉魚吵著要吃餅乾，媽媽覺得要吃就要吃得
營養一點，任性地混入豬絞肉和蝦仁炸一下，
這樣的餅乾也是會受小朋友喜愛的唷！

材料

金鉤蝦…150g
蘇打餅乾…40 片
鹽…少許
白胡椒…少許
豬絞肉…50g
中筋麵粉…少許

作法

1. 將金鉤蝦剁碎，與豬絞肉、鹽、白胡椒均
   勻混合成餡料。
2. 在蘇打餅乾上表面撒一點麵粉，放上餡
   料，再蓋上另一片蘇打餅乾，以此方式共
   做20個。
3. 麵粉和水調勻成麵粉糊，將每塊有餡料的
   蘇打餅沾上少許麵粉糊。
4. 放入已冒小泡泡的油鍋，以中火炸3分鐘
   左右即可撈出。

濟州島辣蘿蔔燉煮白帶魚

辣香開胃很下飯！

想吃魚又想吃辣的時候，就會想煮韓式料理。印象中，韓劇裡常會出現的辣煮白帶魚就是最具代表的韓式魚料理之一，燉煮後的白帶魚肉吸附濃濃的韓式醬汁，吃一口魚肉配一口湯，彷彿置身在韓國呢！

材料

去刺白帶魚捲…5個
小魚乾（燉湯用，大隻）…4尾
昆布…1片
水…500ml
白蘿蔔…600g
洋蔥…半顆
綠、紅辣椒…各1條
洗米水…100ml（可用清水替代）

【燉煮醬汁】
韓式辣椒粉…4大匙　　　紅砂糖…2大匙
韓式辣椒醬…1大匙　　　醬油…2大匙
韓式味噌醬…1大匙　　　黑胡椒…1/2匙
老薑泥…1大匙　　　　　玉米糖漿…2大匙（可省略）
蒜泥…2大匙　　　　　　米酒…2大匙

作法

1. 小魚乾、昆布、水500ml倒入鍋中，煮滾20分鐘後取出昆布和小魚乾。
2. 在步驟 1 的高湯鍋放入切滾刀的白蘿蔔塊，以中火燉煮20分鐘，直到用筷子可以輕易插入蘿蔔的軟硬度。
3. 將燉煮醬汁的材料混合，靜置30分鐘，讓醬汁味道完全融合。
4. 用牙籤將所有的白帶魚捲先固定好，備用。
5. 在燉煮好的白蘿蔔塊上排列白帶魚捲，倒入燉煮醬汁，擺上切塊洋蔥、切片綠紅辣椒，再倒入一點洗米水，稍微淹到白帶魚就好，蓋上鍋蓋，以中火燜煮5-7分鐘即可關火。

4

5

註：食譜參考自韓式料理老師 —— 王林煥。

FISH RECIPE
06

醃

甘醋漬柳葉魚

酸辣滋味愛不釋口！

真心不騙！這樣的柳葉魚料理在外面一定吃不到，但在家能輕易做出來，而且這種酸度和辣度，真的讓你一口一尾柳葉魚，吃不停！

材料

柳葉魚…150g
新鮮辣椒…1根（約5g）

【醃汁】
日本味滋康純米醋…4大匙
日式柴魚高湯…4大匙
砂糖…2大匙

作法

1 將柳葉魚送進烤箱，以180度烤10分鐘後取出，備用。

2 把醃汁材料充分攪拌混合，再加入切成末的辣椒。

3 烤好的柳葉魚放入保鮮盒中，淋上步驟**2**的醬汁，放越久越入味。

料理Memo

漬過魚的醋，還可以留下來拌白飯，做成飯糰吃，或者放入根莖蔬菜醃漬。

巴薩米可醋
燴煙仔虎

FISH RECIPE
07

濃郁酸香迷人！

這種味道完全就是日式定食菜單上會出現的定番，很好吃但做法卻很簡單，重點還能一鍋煮到底，有菜有魚，豐盛又好吃！

材料

煙仔虎…200g
糯米椒…50g
紅、黃椒…40g（約4塊，配色用）
麵粉…少許

【醃魚醬汁】

白酒…1大匙
醬油…1大匙
薑汁…1大匙

【燴煮用醬汁】

巴薩米可醋…2大匙
番茄醬…1大匙
砂糖…1/2匙
醬油…1大匙
水…1大匙
麵粉…2大匙
油…1大匙

作法

1. 將煙仔虎切成適口大小，用醃魚醬汁材料醃漬10分鐘。
2. 將醃漬好的魚肉沾上麵粉，備用。
3. 倒油入平底鍋，將切塊的糯米椒與紅黃椒快速炒過，取出備用。
4. 用原鍋將魚肉兩面煎上色後取出（中間未熟也沒關係）。
5. 仍用原鍋，倒入燴煮用醬汁，煮到濃縮收汁，再倒回魚肉、紅黃椒、糯米椒拌炒均勻即可。

白蘿蔔泥
赤鯮魚鍋

FISH RECIPE
08

煮

清甜的日式鍋物！

對！有時候就是想清清淡淡的吃點什麼，像這麼單純
的白蘿蔔和魚，就是最能夠嚐到鮮甜滋味的料理代表
之一。

材料

切片的赤鯮魚…300g　　　薄口醬油…1大匙

白蘿蔔泥…180g　　　　　味醂…1匙

日式高湯…400ml　　　　　米酒…1大匙

作法

1 用熱水淋在魚片上，備用。

2 在土鍋中倒入日式高湯、薄口醬油、味醂、米酒，煮
　　滾後放入魚片，最後起鍋前才放入白蘿蔔泥。

料理Memo

白蘿蔔泥一定要起鍋前才放，才不會失去蘿蔔味。

烤鮭魚豆腐鹹布丁

雙重豐富蛋白質！

FISH RECIPE
09

應該有不少當媽媽的人，最常對孩子說的一句話就是
「可不可以快點!?」這句話在布拉魚吃飯的時候，猩
弟至少會說個50遍吧！所以軟軟又好吞的料理，就很
適合小朋友，多少能夠讓吃飯的速度變快一點！

材料

鮭魚…200g　　　　雞蛋…3顆
豆腐…半盒　　　　巴西里…少許
鮮奶油…100ml　　鹽…1/2匙
　　　　　　　　　鮮奶油…3大匙

作法

1. 將鮭魚去骨去刺，切成小塊薄片狀。
2. 把鮭魚肉、豆腐、鮮奶油、雞蛋、鹽、巴西里放到
   平底鍋內，用調理棒稍微打碎，均勻攪拌。
3. 直接將平底鍋放在烤盤上，送進烤箱，以上火180度
   烤20分鐘後取出（實際請視烤箱功率調整）。

檸香魚鬆戚風蛋糕

讓小孩輕鬆吃到魚營養!

看到這蛋糕,大家有沒有覺得猩弟是真心的喜歡魚,只要有任何食材都想要跟魚緊緊結合?戚風蛋糕是猩弟家最常做也是唯一會烤的蛋糕,用來實踐魚料理也是理所當然的啊!(笑)

材料

【戚風蛋糕體】

雞蛋…4顆

牛奶…80ml

植物油…60ml

砂糖…65g

低筋麵粉…100g

【魚鬆餡料】

去刺煙仔虎…75g

鹽…1/2匙

鮮奶油…150g

砂糖…12g

檸檬皮屑…少許

作法

【戚風蛋糕體】

1 以上火180度先將烤箱預熱10分鐘。

2 將所有的蛋黃和蛋白分離。

3 在蛋黃鍋中倒入植物油攪拌均勻,接著倒入牛奶。

4 過篩低筋麵粉,加入蛋黃鍋中攪拌均勻,備用。

5 攪拌器先用低速打發蛋白,分三次放入砂糖,再轉高速,把蛋白打發至勾狀不倒塌的狀態。

6 將打發的蛋白霜分次拌入步驟4的蛋黃鍋中,每次拌勻才能加下一次。

7 倒入戚風蛋糕模中,送入烤箱,以上火180度烤23分鐘(實際請視自家烤箱功率調整),取出後倒扣,放涼後才能脫模。

【魚鬆餡料】

1 用滾水鍋把去刺煙仔虎魚肉煮熟,取出放涼後剁碎。

2 接著用平底鍋乾炒魚肉,邊炒邊用鍋鏟按壓魚肉,讓水分蒸發多一點,加入1/2匙鹽。

3 將鮮奶油150g與砂糖12g打發(此配方的鮮奶油與糖比例較不甜,約魚鬆的6%),和炒好的魚鬆均勻混合。

【組合】

1 把戚風蛋糕平均切成6塊,每塊中間切一刀但不切到底。

2 把魚鬆餡料夾入戚風蛋糕中,最後磨一點檸檬皮屑即可。

奶油菠菜
鮭魚銅鑼燒

煎

不用蛋奶也能做！

銅鑼燒不要夾紅豆泥，改包奶油菠菜鮭魚試試看，滋
味是不輸菜頭絲車輪餅的喔！

材料

【餡料】

鮭魚…150g

奶油…30g

菠菜…100g

鹽巴…1/4匙

【銅鑼燒餅皮】

鬆餅粉…100g

水…50ml

作法

1. 先將鮭魚去刺，放入烤箱烤熟後取出，剝成小塊狀，備用。
2. 把奶油放入平底鍋，將切段的菠菜炒至半熟。
3. 把半熟菠菜和鮭魚放入食物調理機打成泥狀餡料，備用。
4. 把鬆餅粉、水混合成麵糊（或請依照不同品牌的鬆餅粉調製適當比例），將麵糊倒入平底鍋中煎成一個個圓形鬆餅，約煎12片。
5. 用銅鑼燒麵皮夾入奶油菠菜鮭魚餡即可。

註：鬆餅粉是否加雞蛋或牛奶，請依各廠牌包裝説明為準。

芥末籽鬼頭刀酥脆小塔

FISH RECIPE
12

下午茶的宴客小點！

鬼頭刀的肉質跟雞肉很相似，整塊又沒有刺，隨意切成
方塊搭配酥皮，一口一個吃得剛剛好！

材料

鬼頭刀…120g

市售酥皮…2片

蛋黃…1顆（打散）

草莓丁…適量

【芥末籽蜂蜜醬】

芥末籽醬…1大匙

橄欖油…1大匙

檸檬汁…1大匙

蜂蜜…1/2匙

作法

1 將市售酥皮捲成條狀，切成8等份，然後擀開攤平。

2 將酥皮放入小馬芬模，刷上蛋黃液，放入烤箱，以上火180度烤10分鐘。

3 鬼頭刀切成小塊狀，以平底鍋煎熟；將芥末籽蜂蜜醬材料拌勻，備用。

4 將煎熟的魚塊放在酥皮小塔上，淋上芥末籽蜂蜜醬即可，可依個人喜好，放上香草或水果丁。

煎

櫻花蝦地瓜籤餅

酥脆又充滿香氣！

這是一款阿嬤以前會做的鹹點心，雖然外表雖然沒有西式點心的華麗，但營養價值應該是勝出許多，真心希望這樣傳統鹹點不要被遺忘啊！

材料

生櫻花蝦…150g
地瓜…150g
中筋麵粉…4大匙
雞蛋…1顆
清水60ml
鹽…1/2匙
油…200ml（煎餅時用）
香菜葉…適量（可不加）

作法

1 把地瓜切成一條條細絲。
2 將麵粉、雞蛋混合，慢慢倒入清水（可視蝦和麵粉份量自行調整，麵糊不要過稀）。
3 把地瓜細絲、生櫻花蝦、鹽、步驟2的麵糊均勻混合。
4 倒油入平底鍋，用湯匙舀取適當大小的有餡麵糊（依個人喜好，籤餅表面可沾黏上香菜葉），一片片煎熟即可。

煮

酸白菜鱈魚鍋

白菜產季必吃鍋物！

有點酸又有點回甘的酸菜滋味和鱈魚煮在一塊兒，這種鱈魚鍋吃了很溫暖，冷冷的天氣裡，會喝上一碗接一碗～對了！也可以增添其他火鍋配料一起煮或下點麵，馬上也能開飯吃一餐喔！

材料

鱈魚塊…300g　　　　　薑…5g

酸白菜…200g　　　　　日式高湯…700ml

蒜苗…1根　　　　　　 油…1大匙

蒜瓣…5g

作法

1 倒油入土鍋，放入切成末的薑、蒜爆香。

2 酸白菜瀝掉多餘水分，放入鍋中炒出香味。

3 倒入日式高湯，讓酸白菜煮滾，接著放入鱈魚塊和切段的蒜苗。

4 等再次滾沸之後就可關火起鍋。

秋刀魚蒜香檸檬鍋

檸香超級開胃！

吃膩了烤秋刀魚嗎？那麼這種清爽味道的秋刀魚一定要試試看！可以品嚐到秋刀魚魚肉的細緻感，還有淡淡的果香味，是不同以往的秋刀魚滋味。

材料

秋刀魚…2尾（約260g）
鹽…1/2匙
白胡椒…少許
橄欖油…200ml
蒜瓣…30g
檸檬…1顆

作法

1. 將秋刀魚去頭去內臟，切段後，在每塊魚肉表面輕輕劃上刀花。
2. 蒜瓣拍一下、檸檬切片，備用。
3. 倒橄欖油入鍋，加入秋刀魚塊、鹽、蒜瓣、檸檬片、白胡椒一起煮到滾，約8分鐘後關火起鍋。

料理Memo

料理後的油不要丟掉，可以拌麵飯或蔬菜。

避免產生腥味的秋刀魚處理法：

1 秋刀魚去完內臟後，用刀子在魚肚內劃開一刀，會有一層薄膜可掀開。
2 用魚刺夾或湯匙刮乾淨薄膜內的黑血合，這樣燉煮時就不會有腥味產生。

煮

漁夫流
竹筴魚丸湯

清爽的暖胃湯品！

這個手作魚丸很適合來當寶寶的副食品，布拉魚小時候
也常常吃，因為魚丸非常柔軟，也沒有太多魚腥味，有
時候變換成添加豆腐和根莖蔬菜一起捏成團，又是另一
種口味的魚丸囉！

材料

竹筴魚…1尾（約80g）
青蔥…1根
日本味噌（京懷石）…1大匙
日式高湯…200ml
七味粉…少許

3-1

3-2

作法

1 取下竹筴魚片，去除魚刺和魚皮後，將
　魚肉仔細剁碎。

2 蔥白斜切，蔥綠的部分切碎。

3 把竹筴魚肉、蔥綠、味噌混合，用力攪拌
　至有黏性，用湯匙塑成丸子狀。

4 倒日式高湯入鍋，放入蔥白，待水煮滾
　後放入魚丸，煮至魚丸浮起。

5 湯滾上桌前，加入少許七味粉增色。

CHAPTER 4

搶時間的簡單
魚鱻料理

做料理是許多媽媽不得不做，但想到又頭痛的事。

也有一個女兒的猩弟，十分了解媽媽們的下廚需求，

在此篇章設計了回家快速做的魚鱻料理，天天吃魚鱻真的不是難事。

不流汗的快手下廚技

**如果媽媽煮飯會覺得很累，
一定沒法度長久持續，所以烤魚、蒸魚
就是最方便簡單的選擇。**

如果說，廚房只能留下一項電器，不曉得大家會選什麼？猩弟的首選是電鍋，再來是烤箱。

電鍋能蒸、能燉、能煮，用一咖電鍋變出兩、三道菜加一個飯，真的很輕鬆。像猩弟去學校接女兒下課後，大多不會直接回家，有時候是布拉魚的才藝課，有時候是到附近的公園玩，為了可以讓小朋友玩得比較盡興，媽媽出門前就得必須要一些手段，如此一來，就算玩到吃晚餐時間才回家，也很從容。

帶女兒回到家後，我通常直接把事先預備好的食材（已經裝盒和調味），一尾擺在盤子裡的赤鯮魚已經淋上醬油、放入薑蒜；還有切段的茄子淋上橄欖油、已經和高湯混合好蛋液，疊放在電鍋裡，然後外鍋一杯水計時20分鐘，接著帶孩子去洗澡，轉身吹完頭髮換上乾淨衣物後，就能開電鍋上菜吃飯！

另外，烤箱也是比照電鍋辦理，同樣是一咖出三菜的好幫手，選用琺瑯的保鮮盒，一盒放蔬菜、一盒放魚鱻、一盒放肉類，把烤箱轉到180度、設定10分鐘（是一個基準，有熟的先拿出來，還沒的就再加時間），幾乎都會同時間熟的差不多。而且，用烤箱更省事，像是切片的魚（鯖魚、鱈魚、鮭魚、竹莢魚）沒退冰也能直接放進去烤，瞬間也是端出一桌菜啊！

如果媽媽煮飯會覺得很累，一定沒法度長久持續，所以烤魚、蒸魚就是最方便簡單的選擇，食材通通躺好送進去就搞定，想要不流汗煮飯，可是要好好利用工具的喔！本篇章裡收錄的食譜，就是活用工具且不困難但絕對好吃的菜色，希望能為和我一樣有小孩要忙的媽媽們，減少一些繁複下廚的時間。

不浪費的惜食概念

什麼是不浪費的魚料理？猩弟覺得分兩種，一種是把魚煮乾淨，一種是把魚吃乾淨。

把魚煮乾淨是掌廚的人應該做的事，這個部分從選購就開始，現在一條魚到手，幾乎是已經都被處理好，去除魚鱗和內臟的狀態，當然也包括一塊輪切或魚排的樣子，買回來的魚要怎麼煮是指「妥當運用」。譬如：馬頭魚最適合煎和烤，我們就不要發揮創意，故意把馬頭魚三枚切然後切成薄片，說要來涮火鍋這樣，因為馬頭魚還沒放到火鍋中，就已經先被搞爛，本身柔軟的魚肉一點也不適合這樣被調理。

又或者是像利用調味料和魚結合，來把缺點化為優點的煮法，譬如：比較有氣味的鯖魚可以用醋來醃漬或調味，把魚味掩飾掉，提升料理的接受度，又或者經過長時間的燉煮或油炸，把多刺的秋刀魚骨軟化轉變成可以大口吃的美味。

再來是把魚吃乾淨，一直以來猩弟都希望大家能擁有挑刺的能力，這樣一來不管是什麼魚都能吃得乾淨，所以呢，是不是該派個代表魚照張X光片，把魚刺（骨）的位子大概目測一回，以後吃魚自然能有個底，知道魚刺的分佈位置，不僅能減少卡刺的機率，還能把魚吃的淋漓盡致啊！

說這麼多，分享以下這三點可以輕鬆掌握不浪費魚料理的小技巧喔！

1 選擇無刺或少刺的魚肉。真的要幫魚開腸剖肚的話，能理解這對有些主婦來說可能有困難，再加上有些朋友可能有被魚刺卡過喉嚨的陰影，如果是這樣，那麼選擇食材時，就很推薦挑選市售的魚排、輪切片或者生魚片形式的魚肉，這樣既可以煮得乾淨也可吃得一口不留。

2 要學會去除秋刀魚內臟。是的，就是用剪刀先從秋刀魚魚頭（胸鰭上方）剪一刀不要到底，折一下就可以輕易去除魚內臟。很強調一定要學會這招，因為全台灣（甚至日本也是）市售的秋刀魚通通不會去內臟，這麼價格親民又營養滿分的魚，我們都應該多吃。

3 利用燉煮或醃漬準備海鮮常備菜。其實很多海鮮料理更適合預先做起來儲放，在沒有時間煮飯時，就可以請出來馬上開飯當配菜，利用醬油、糖加上燉煮就可以變成佃煮類的備菜，利用油品或醋也能增添海鮮類的食材和風味，所以在有空的時候，多少動手做點儲備用菜。

這樣下來，不僅不會浪費魚做料理，還能進一步創造出不同於以往的海鮮風味，煮得不辛苦也不浪費，吃得也心滿意足，那才是自己下廚的真義啊！

黑豆豉蒸小魚

FISH RECIPE
01

省時電鍋菜！

如果沒有做給朋友吃，猩弟永遠都不知道這樣的
海港家常味，原來只有住海邊的人會這樣料理，
作法很簡單又很配飯，記錄下來跟大家分享。

材料
已氽燙的吻仔魚…150g
乾豆豉…10g
玉泰白醬油…2大匙
去皮蒜瓣…15g
油…2大匙

作法
1 取一個深碗、放入已燙熟的吻仔魚、去皮蒜瓣、
乾豆豉、白醬油、油，直接送入蒸鍋中（外鍋水
120ml）。
2 等待10-15分鐘後即可取出。

豆腐乳醬蒸鱈魚

蒸

省時電鍋菜！

宜蘭人常常做醃漬品，尤其更是少不了豆腐乳，
不過常常一罐配粥要吃很久，所以也經常被猩弟
拿來搭配海鮮，蒸魚就是一個很快又很有滋味的
做法，請大家一定要試試看喔！

材料
鱈魚…250g
豆腐乳…10g
嫩薑絲…15g
油…1大匙
米酒…1大匙

作法
1 用湯匙壓碎豆腐乳，也倒入一些豆腐乳罐裡的
　米醬。
2 取一個盤子放入鱈魚，依序擺上豆腐乳、嫩薑
　絲，再倒入米酒和油。
3 送入蒸鍋，蒸10分鐘即可。

蒜味茴香烤黑喉魚

FISH RECIPE
03

方便烤箱菜！

配上適當的香料香草，烤魚的賣相就更上鏡了，
而且茴香的味道特別迷人！真的，完全不用花太
多時間，也能變化口味的一種烤魚料理！

材料
黑喉魚…250g
蒜瓣…7瓣
茴香…20g
橄欖油…2大匙
鹽…1/2匙

作法
1 蒜瓣和茴香都切碎，與橄欖油、鹽充分混合，
　備用。
2 在黑喉魚的魚背上畫刀花，在刀花處和魚肚內塞
　入步驟 1 的香料。
3 送入烤箱，以180度烤15分鐘後取出。

剝皮辣椒
炒小卷

炒

一鍋料理！

醃漬物最困擾的就是吃太久吃不完，一樣是想多消
耗一點剝皮辣椒用量，所以直接拿來拌炒，如此一
來也能省下其他的辛香料，一道味道十足的下酒下
飯小卷立刻完成！

材料
剝皮辣椒⋯約6-7條
生小卷⋯150g
薑絲⋯10g
鹽⋯1/4匙
蔥絲⋯少許
油⋯適量

作法
1. 冷鍋倒入油，放入薑絲爆香。
2. 放入小卷炒一下，再放入切成一段段的剝皮辣椒
   拌炒至小卷熟。
3. 以鹽調味，起鍋後放上蔥絲即可。

蒸

海瓜子
高麗菜飯

一鍋料理！

小兒科醫生說蚌殼類對小朋友的頭腦發育也很
好，所以不止蛤蜊湯，如果上市場有看到海瓜
子，猩弟也會買上一把，回家來個炊飯，小朋友
都很捧場喔！

材料

海瓜子…150g
高麗菜…50g
蝦米…10g
乾香菇…10g
蒜末…5g
白米…150g
油…1大匙
水…200ml
米酒…30ml
鹽…1/4匙

作法

1 取一個塔吉鍋或有蓋的鍋子，將海瓜子和米酒一起倒入，蓋上鍋蓋煮約5分鐘，待海瓜子都打開後，先取出；乾香菇泡發，備用。

2 沿用步驟**1**的原鍋，將海瓜子的湯汁倒出，倒入蝦米、切絲的香菇、蒜末、白米、水、手撕高麗菜、鹽、適量油，先用大火煮滾，轉小火，加蓋煮約15分鐘。

3 開蓋確認白米是否熟透，若是熟了就加回海瓜子，拌開於飯中。

料理Memo

1 海瓜子事先蒸熟，是為了確保每顆海瓜子的品質，先挑除沙多或腐臭的。

2 白米和水的比例請依自家的鍋子略估調整。

松茸菇
竹筴魚炊飯

FISH RECIPE
06

炊

一鍋料理！

有時候發懶，不想出菜又出湯，就用一鍋煮到底吧~像是這道有菜有飯的料理，就是懶惰沒時間時候的最佳選擇！

材料
竹筴魚一夜干…1/2尾
松茸菇…1盒（約3-5朵）
紅蘿蔔…10g
日式高湯…150ml
白米…1杯

作法
1 將松茸菇切半，紅蘿蔔切扇形，備用。
2 將洗好的米放入砂鍋，倒入日式高湯，擺上松茸菇、扇形紅蘿蔔、竹筴魚一夜干。
3 開火煮至大滾，轉小火，約15分鐘後熄火，再燜10分鐘，讓米飯熟透。

蒸

蒜蓉大蝦
蒸蘿蔔糕

省時電鍋菜！

這是用電鍋就能煮出宴客大菜的概念。只要把醬汁
混合，擺上底層的蘿蔔糕再鋪上明蝦淋上醬汁，放
入電鍋等時間到，就是一道水又大方的料理。

1-1

材料

蒜瓣…5小瓣	糖…1/2小匙
水…150ml	原味蘿蔔糕…200g
醬油…1大匙	明蝦…4尾（約500g）
米酒…1大匙	香菜…少許
魚露…1大匙	

作法

1 將蝦子開背，挑去深褐色的蝦腸，請注意不是蝦
膏喔（見圖示）。

2 拿一個小碗，先把切碎的蒜瓣、水、醬油、米
酒、魚露、糖充分混合成醬汁。

3 取一個盤子，依序擺上切薄片的蘿蔔糕、明蝦。

4 淋上醬汁，放入蒸鍋蒸15分鐘後取出，最後撒上
香菜。

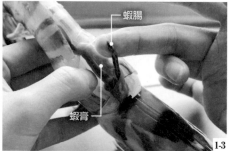

1-2

蝦腸

蝦膏

1-3

奶油檸檬蒜味明蝦

FISH RECIPE
08

煮

一鍋料理！

不管是什麼種類的蝦，都很適合這道的調味方式，
大致上都能變得非常美味喔！

材料
明蝦…4尾
無鹽奶油…50g
蒜瓣…7-8瓣
檸檬…1顆（半顆取汁，半顆切片）
鹽…1/2匙
黑胡椒…少許（可省略）
油…1大匙

作法
1 請見140頁，先去除明蝦的蝦腸；蒜瓣切末，
　 備用。
2 把油倒入平底鍋，以冷油炒蒜末。
3 待蒜香出來後，將明蝦兩面煎上色。
4 擺上無鹽奶油，撒鹽並放入檸檬片，加蓋將蝦
　 子煮熟。
5 起鍋前淋上檸檬汁、撒上少許黑胡椒即可（依個
　 人喜好可放上檸檬片與蔥絲裝飾）。

牡蠣青蔥拌飯

煮

省時電鍋菜！

牡蠣本身有種鮮味，特別是跟白飯搭配時，味道
會更顯得鮮，像這樣沒有特別多餘的調味，最能
吃到原始的美味！

材料

牡蠣…200g（不含水分）
米酒…1大匙
蔥末…適量
白米…160g
水…160ml
鹽…1/2匙
橄欖油…適量
白胡椒…適量

作法

1 請見47頁，將牡蠣清洗乾淨，備用。

2 取一平底鍋，放入牡蠣和米酒，以中火將每顆牡蠣都
  徹底煮熟後取出。

3 把鍋裡產生的牡蠣湯汁倒入內鍋，再加入白米、煮飯
  所需的清水。

4 將步驟 3 放入電鍋煮20分鐘。

5 待飯煮好後，淋上橄欖油、以鹽和白胡椒調味，最後
  放入牡蠣、蔥末均勻拌散即可。

炒

毛豆燴炒透抽

一鍋料理！

透抽總是用來炒芹菜，其實這樣換成毛豆也是很不錯的，豆子綿綿的口感跟透抽很搭配呢！

材料

透抽…300g	薑末…8g
毛豆…50g	蒜末…6g
太白粉…1大匙（勾芡用）	油…15ml
水…6大匙（勾芡用）	鹽…1/2匙
蔥末…8g	白胡椒…適量

作法

1 毛豆放入滾水鍋中燙熟，取出備用（或購買冷凍熟毛豆）。

2 將透抽切成塊狀，備用。

3 把油倒入平底鍋，放入蔥末、薑末、蒜末炒香，放入透抽拌炒。

4 最後加入毛豆和太白粉水勾芡，以鹽、白胡椒調味後即可起鍋。

梅子醬油燒黃雞魚

煮

一鍋料理！

一般紅燒口味的醬煮添加一點酸味更能引起食慾
喔！如果沒有梅子醬油，可用醬油加上醃漬梅的
果肉下去紅燒，也能煮得出這種滋味。

材料
黃雞魚…1尾（約250g）
梅子醬油…60ml
水…30ml
薑絲…15g
油…適量

作法
1 把黃雞魚切成三段（整尾也可以），在魚背肉較厚
　的地方切刀花。
2 熱鍋後倒入油，將薑絲先爆香，放入黃雞魚油
　煎，待兩面煎上色。
3 倒入梅子醬油、水，蓋鍋蓋煮10分鐘即可起鍋。

FISH RECIPE

12

煎

韓式透抽
韭菜煎餅

一鍋料理！

韓式煎餅是每次在外吃韓食餐廳時總會想點的料理
之一，其實在家就能做了，而且海鮮料還能放到滿
出來，吃起來更過癮！

材料

透抽…200g	【沾餅醬】
洋蔥…100g	醬油…3大匙
紅蘿蔔…50g	韓式魚露…1人匙
紅、綠辣椒…各1條	砂糖…1大匙
韭菜…35g	韓式辣椒粉…1/2匙
韓式煎餅粉…150g	
雞蛋…1顆	

作法

1. 透抽、洋蔥、紅蘿蔔切成細長條狀，紅綠辣椒切
   小片狀，韭菜切段，備用。
2. 把步驟 1 食材放到大碗中，倒入韓式煎餅粉、
   雞蛋攪拌均勻。
3. 使用大平底鍋，倒入份量較多的油，將餡料一次
   倒入鍋中。
4. 以中大火煎，待煎餅可在鍋中滑動時再翻面，煎
   至全熟起鍋。
5. 煎餅切成適口大小，將沾餅醬材料拌勻，和煎餅
   一起享用。

CHAPTER

5

不變味的
魚系便當菜

來來來～讓猩弟教你如何把魚兒做成好吃又下飯的便當主菜，
只要有電鍋、有烤箱，再納入一點巧思，就能製作不變味的魚系便當，
而且是大人小孩都適合的家常料理。

製作魚系便當的烹煮訣竅

說起帶便當，魚兒的菜色總是讓人抗拒於門外，原因應該是「魚腥味」和「魚刺」這兩件事情吧！?

先說「魚有腥味」這件事情好了，有些魚天生體味重（也就是有些人會認為的腥味），像是鯖魚、秋刀魚…等，這類魚我們稱為「青皮魚」。因為牠的油脂豐富，一和空氣接觸就會開始氧化，另外又含有血合肉（咖啡色肉）的關係，所以就比較有魚味。相反的，住在深海底棲型的「白肉魚」，像是馬頭魚、黑喉魚、石斑魚等，這些魚沒有血合肉，自然就沒有特別的體味。認清魚種本身的氣味後，就可以使用萬能調理煮法來烹飪，調味料包括醬油、味噌，剛好這些調味料成分中的麩氨酸會和魚肉裡的肌苷酸會結合，使魚肉鮮甜度增加；另外，煮的調理的過程中也都會放上蔥薑蒜和米酒來消除腥味，這樣煮起來，不管是用來搭配青皮魚或白肉魚都不會失敗。

第二個原因，猩弟猜是「魚刺」，要解決刺的問題有兩種方法，一是正面對決，用炸的、醃漬的或燉煮，都能使刺變得沒有傷害力，可以連刺一起食用。二是消去法，有些魚種的刺又大又硬，燉煮了三天可能還是硬硬的吃不了，所以有些魚在下鍋前，得用刀子片下或用夾子拔掉魚刺，再進行調理，還好現在市售有很多魚排可以選擇，媽媽們不用自己那麼搞工處理！

這樣一來，只要把兩個最大的問題解決好，魚便當的菜色，一部分就用萬魚皆適用的「煮」來烹飪，可以選定紅燒、燉煮、醬燒來調理；另一部分，則可以利用無刺的魚肉，稍加處理成碎魚肉再混搭食材，做成魚漢堡排、丸子、飯糰，或蒸魚肉餅來搭配便當都是很討喜的，日後的便當菜色請多多吃魚喔！

可加熱／冷吃的烹調注意

猩弟的學生年代時期，好像不流行帶便當（還是只有我的學校剛好這樣？），反而很流行訂便當，班上會帶便當的人是非常少數的。

所以，只要有機會帶便當，像是前一天晚上有猩弟特別愛吃的菜，媽媽也有多煮的份量，就一定會去找老木拿便當盒，自己夾菜裝飯直到盒子滿滿才放到冰箱，晚上就開始期待開便當的那個瞬間（日劇看太多XD），紅的綠的黃的每種顏色都很耀眼，在學校吃便當好像遠足野餐那般興奮。不過，現實總是不一樣，以前學校蒸便當的機器裡會集合同學們的便當一起蒸，至少1個小時，除了顏色，連味道也會走鐘，不知道是不是因為這樣，我的年代才沒有很流行帶便當啊!?小學6年，帶便當次數沒有超過10次，之後午餐更是一路吃外食到大學畢業了。

直到去日本念書的日子，為了能夠更貼近日本的生活方式，隔天午餐真的就是像日劇那樣，是前天晚上或者是一大早自己捲袖子，在忙碌的時間裡準備好一顆便當。由於學校裡的加熱用微波爐只有3台，帶便當的人又不少，所以為了節省等待微波爐的時間，大部份的飯菜都是前一天晚上料理好，一早起床時就可直接加熱、馬上裝入餐盒的菜色。

實際自己做便當，才發現學問真的不少，例如說配色，台灣人的口味和料理習慣，很容易使一整個便當都是呈現咖啡色系；還有我們習慣吃熱食，因此印象中常溫便當菜就比較不美味。小小的便當盒裡要考慮的事情其實很多，包含各項料理間的配色、烹調時間與方式、調味，以及需要加熱吃還是常溫狀態下食用，每個細節都是成就便當變好吃的關鍵。

不管是冷的吃或加熱吃，帶便當時有幾個重點掌握一下，不怕料理變質且吃得更美味安心喔！

１充分加熱：帶便當最怕飯菜變臭酸，充分加熱使食物中心也熟透，高溫75度C就能有滅菌效果。

２增添抗菌效果的食材：像是醋、酸梅能增添風味，可以使蔬菜的維他命C比較不被破壞，用在魚料理上，也能促使魚肉的鈣質較容易被人體吸收，最重要的是醋的確能抑制細菌滋生，讓食物在常溫狀態下比較不易變質。

３可選搭醃漬品：因為鹽巴的滲透能使食材中的水分脫出，沒有水分，微生物就沒辦法生存，這樣的醃漬食物也很適合放在常溫便當裡。

便當盒裡要考慮的事情其實很多，包含各項料理間的配色、烹調時間與方式、調味，以及需要加熱吃還是常溫狀態下食用。

4 減少水分的料理手法：例如，佃煮這種料理方式會使用大量的醬油、醋、糖和酒來烹飪食物，透過長時間的煮，使調味料滲透到食物中，也因為慢煮過程會使食材的水分蒸發，這樣也能提升料理保存時間。另外，煎烤和炒也同為減少水分的烹飪調理法。

5 利用隔板或防水（油）紙：把有醬汁的料理分隔開來，讓每道菜的味道不會互相干擾。

6 保冷劑：如果夏天又要帶著便當，可在便當袋中加入一個小保冷劑，不管要不要再加熱，至少都能使保存溫度不要太高，避免還沒吃便當就臭酸掉了。

對了，很多人說魚不適合便當菜，怎麼會呢？日本的便當裡，可是有很多魚兒擔當主角的呢！猩弟也來分享幾道，破除一下這個謠言。

山藥小魚
小飯球便當

手捏小飯球！

這個小飯球很適合親子聯合動手作，一起完成的
料理更好吃！

材料

山藥泥…50g   鹽…1/4匙

小魚…50g   白飯…1杯

雞蛋…1顆

作法

1 把山藥泥和小魚混合，放入大碗中，打散雞蛋並
加鹽。

2 倒油入平底鍋，倒入山藥小魚蛋液，將蛋煎熟。

3 把山藥小魚煎蛋和煮好的白飯一起拌開。

4 在小碗裡擺上保鮮膜，取適量拌好料的飯，手捏
使飯成球形即可。

主菜：山藥小魚小飯球

配菜：彩色小番茄、毛豆、
紫蘇葉（襯底）

辣味馬鈴薯
金針菇蒸蝦便當

省時電鍋菜！

想帶便當又懶得煮配菜的時候，這樣的料理最推薦，擺完料、放完醬，然後加熱就能完成囉！

材料

馬鈴薯…1顆（約150g）

金禧菇…70g（可用金針菇替代）

蝦仁…125g

蒜末…15g

生辣椒末…4g

韓式辣椒粉…1/2匙

玉泰白醬油…2大匙（或一般醬油1大匙）

金蘭素蠔油…2大匙

水…6大匙

香菜或蔥花…少許

作法

1 把馬鈴薯切成薄片，盡可能越薄越好。

2 將馬鈴薯片鋪在容器底部，擺上金禧菇。

3 放上蝦仁，撒上蒜末和生辣椒末。

4 把白醬油、素蠔油、韓式辣椒粉、水混合均勻，倒入步驟 2 的容器中，用電鍋蒸30分鐘（外鍋120ml的水）後取出，另依個人喜好撒上蔥花或香菜

主菜：辣味馬鈴薯金針菇蒸蝦

配菜：無，直接澆飯吃

香烤鬼頭刀
培根捲便當

烤箱便當菜！

如果是完全沒有煮飯經驗的人，這是一道不會失
敗的魚料理，利用培根的鹹味和香氣和鬼頭刀結
合，不用另外調味，馬上變成一道主菜。

材料

鬼頭刀魚排…1片（約125g）

培根…2片

黑胡椒…少許

鹽…少許

作法

1 把鬼頭刀魚排切成兩條長條狀，用培根捲起來，共做
兩條。

2 在表面撒上黑胡椒、鹽。

3 放入烤箱，以180度烤13分鐘後取出。

配菜：彩色小番茄、青豆、
玉米筍、沙拉葉（襯底）

主菜：香烤鬼頭刀培根捲

蒲燒芝麻
竹筴魚便當

烤箱便當菜！

前一天可以先醃漬魚放冰箱，隔天只要進烤箱就能
完成。還有，同樣醬汁也可搭配不同魚款喔！

材料
竹筴魚片…120g
醬油…1大匙
味醂…1大匙
薑末…少許
白芝麻…少許

作法
1️⃣ 將醬油、味醂、薑末、白芝麻混合成醃汁。
2️⃣ 取一個乾淨無水分的容器，放入竹筴魚片，淋上醃汁
   後放冷藏15-30分鐘入味（也可以前一天醃漬入味）。
3️⃣ 放入烤箱，以180度烤10分鐘後取出。

註：竹筴魚的魚尾有硬鱗，可以在取魚片時先去除，或在
食用時用筷子剝掉不吃。

主菜：蒲燒芝麻竹筴魚

配菜：紅色小番茄、毛豆、
水煮蛋、熟的龍鬚菜（襯
底）

醬烤透抽便當

烤箱便當菜！

覺得透抽很適合用來帶便當，因為冷掉不會有腥
味，而且蛋白質含量高、熱量又低，如果要控制
體重的朋友，可以常常帶透抽便當喔！

材料
透抽…200g
五味粉…少許
蒜末…5g
醬油…2大匙
檸檬片…數片

作法
1. 請見48-49頁，把透抽去除內臟後切段，每一段切刀花，但不切到底。
2. 夾入檸檬片，或喜歡的其他蔬菜。
3. 把五味粉、蒜末、醬油混合後成醃汁，醃漬透抽約5分鐘。
4. 放入烤箱，以180度烤10分鐘後取出。

主菜：醬烤透抽

配菜：金桔（擠汁）、沙拉葉（襯底）

梅子味噌
醬煮鯖魚便當

快煮便當菜！

可以一次多煮一些份量存放在冰箱，可以冷冷的
吃，也可以重覆加熱，味道都不會走鐘變味喔！

材料

無刺鯖魚…2片（1片約110-130g）
水…240ml
清酒…120ml
二砂糖…3大匙
醬油…4大匙
梅子味噌…4大匙
薑絲…10g

作法

1 將鯖魚分別切成兩片，在肉比較厚的地方切刀花。

2 用滾水淋一下鯖魚表面，可以去除腥味。

3 取一個小湯鍋，倒入水、清酒、二砂糖、醬油、梅子
　味噌、薑絲，先煮滾再放鯖魚。

4 轉小火，不蓋鍋蓋煮30分鐘，待湯汁收到剩兩成即
　完成。

主菜：梅子味噌醬煮鯖魚

配菜：紅色小番茄、玉米
筍、玉米、金禧菇、熟的
龍鬚菜、紫蘇葉（襯底）

鹽烤鮭魚蔬果便當

烤箱便當菜！

不用動煎鍋，只要把魚擺在烤盤上，撒點鹽巴調味，
連蔬菜一同進烤箱，就能輕鬆完成一個便當喔！

材料

鮭魚…1片（約125g）

小番茄…數顆

黃、綠櫛瓜…各半條（或者任何根莖類）

鹽…少許

黑胡椒…少許

作法

1 將鮭魚去刺，切成塊狀；黃櫛瓜切小塊、綠櫛瓜切薄片，備用。

2 將鮭魚塊、小番茄、黃櫛瓜塊、綠櫛瓜片一起擺入可加熱的便當盒中。

3 撒上少許鹽、黑胡椒，放入烤箱，以180度C烤10分鐘後取出。

主菜：鹽烤鮭魚

配菜：熟茄子、四季豆、煎蛋

鮮鳳梨醬冬瓜
蒸白帶魚捲便當

快煮便當菜！

挑選台灣本港的白帶魚，用蒸的最能吃出魚肉的
細緻和甜味，像這樣調味，最適合重複加熱，第
二次的覆熱還能使魚肉更入味呢！

材料

無刺白帶魚捲…7-11顆
鹹冬瓜…35g
新鮮鳳梨…50g
薑末…5g
油…1大匙
白醬油…1大匙

作法

1 把無刺白帶魚捲退冰，用竹籤固定。

2 將新鮮鳳梨、鹹冬瓜分別剁碎，放入大碗中，與白醬油、油、薑末拌勻混合成蒸醬。

3 取一個盤子，擺上白帶魚捲，淋上蒸醬，放電鍋蒸10分鐘（外鍋水120ml）即可。

主菜：鮮鳳梨醬冬瓜蒸白帶魚捲

配菜：無，直接澆飯吃

漁家女兒的魚蟹食帖2

常備菜、方便醬、魚系便當、鍋料理、烤箱菜，原來魚蟹還能這樣吃！

作者	新合發猩弟（部分圖片與插畫提供）	發行	遠足文化事業股份有限公司
主編	蕭歆儀	地址	231新北市新店區民權路108-2號9樓
特約攝影	王正毅	電話	（02）2218-1417
美術設計	TODAY STUDIO	傳真	（02）2218-8057
印務	黃禮賢、李孟儒	電郵	service@bookrep.com.tw
		郵撥帳號	19504465
出版總監	黃文慧	客服專線	0800-221-029
副總編	梁淑玲、林麗文	網址	www.bookrep.com.tw
主編	蕭歆儀、黃佳燕、賴秉薇	法律顧問	華洋法律事務所 蘇文生律師
行銷企劃	陳詩婷、林彥伶		
		印製	凱林彩印股份有限公司
社長	郭重興	地址	114台北市內湖區安康路106巷59號
發行人兼出版總監	曾大福	電話	（02）2794-5797
		初版二刷	西元2019年4月
出版者	幸福文化	Printed in Taiwan　有著作權‧侵害必究	
地址	231新北市新店區民權路108-1號8樓		
粉絲團	Happyhappybooks		
電話	（02）2218-1417		
傳真	（02）2218-8057		

國家圖書館出版品預行編目（CIP）資料

漁家女兒的魚蟹食帖2：常備菜、方便醬、魚系便當、甜鹹點、鍋料理、烤箱菜，原來魚蟹還能這樣吃！／新合發猩弟著. -- 初版. -- 新北市：幸福文化，遠足文化，2019.04　176面；17×23公分--（Sante；13）　ISBN 978-957-8683-40-2（平裝）　1.海鮮食譜 2.魚 3.烹飪

427.252　　　　　　　　　　　　　　　　108003785

不只吃魚，更要知魚